广州靓汤 夏

清补老火靓汤

策划·编写 犀文图书

江苏科学技术出版社

前言
preface

　　俗语有云"唱戏的腔，厨师的汤"，从古到今，汤在烹饪界都有着举足轻重的作用。广州靓汤可谓中华美食——汤文化的灵魂所在，其用料尤为丰富，包括植物类食材，如菜、瓜、果、豆等；动物类食材，如畜肉、禽肉、水产品等；加工性原料，如动植物的干制品、腌制品、熏腊品等。以水果、中药材以及名贵滋补品为原料也是广州汤煲的一大特色。广州人信奉中医中药，常用西洋参、山药、枸杞子、芡实、薏米、莲子、沙参、玉竹、百合、杜仲等中药材煲汤。总而言之，其选材的多样性足令全国各地甚至世界人民叹为观止。

　　广州靓汤的主要烹饪方法有熬、煲、滚、炖四种。熬是指将原料置入冷水中以大火烧沸，然后用小火长时间煮，最后调味而成的烹饪方法。煲是指以汤为主的烹制方法，其特点是使原料和配料的原味和有效成分充分溶解于汤水之中，从而使汤水味美香浓。滚是一种方便快捷的烹调方法，沸水下料，滚熟即可，特点是汤清味鲜，嫩滑可口。炖是指用一种间接加热的方法，通过炖盅外的高温和蒸汽，使盅内的汤水升至沸点，原料精华均溶于汤内，因而炖品多是原汁原味，营养价值较高。

　　除了用料和烹饪方法的多样性，广州人饮汤也极为讲究。春季饮汤宜平补，多饮健脾养肝、清热解毒的汤品；夏季饮汤宜清补，多饮养心利湿、消暑祛湿的汤品；秋季饮汤宜滋补，多饮养阴润肺、滋阴清润的汤品；冬季饮汤宜温补，多饮温阳固肾、养阴益肝的汤品。

　　本套"广州靓汤"丛书，精选了几百款广州各式特色汤品，并根据季节性汤水的进补特点，系统地分为《广州靓汤 春》、《广州靓汤 夏》、《广州靓汤 秋》和《广州靓汤 冬》四个分册。每道汤品均从原料介绍、制作步骤、营养功效、小贴士等几个方面进行了详细介绍，图文并茂，方便易学。因而既可以作为居家首选的美食读本，又可作为酒店等烹饪行业厨师的参考用书。

　　广州人推崇饮汤，多半是因为其"近可享汤靓味美之口福，远可达药食同齐之奇效"。既然如此，天南地北的人们，何不也煲上一盅？

目录
contents

夏季靓汤

禽肉类

畜肉类

水产类

其他类

夏季靓汤
XIAJILIANGTANG

夏季靓汤清心消暑

夏季是天地万物生长、葱郁茂盛的时期。大自然阳光充沛，热力充足，万物都借助这一自然趋势加速生长。长夏（农历6月，阳历7～8月间）是人体脾气最旺盛、消化吸收力最强之时，然而，由于天气炎热，很多人都吃不下喝不下，因此，夏季饮食是一门大学问，懂得如何利用食材进行科学地调理显得尤为重要。

酷热的夏天使人体出汗过多，损耗了人量体液，并消耗了各种营养物质，很容易感到身体乏力和口渴。这是一种耗气伤阴的表现，会影响到脾胃功能，引起食欲减退和消化功能下降，因此不少人在夏季表现为气虚或气阴两虚。根据中医虚则补气的原则，夏天也应该注意进补。

夏天进补，以清补、健脾、祛暑、化湿为原则，一般以清淡的滋补食品为主，如冬瓜炖鸭子是夏天食补之佳品。另外，如猪瘦肉、鲜瓜果、芡实、绿豆等食品都是夏天用以清补的食疗佳品。

喝汤趁热

在夏日，相比冰爽的冷冻食品，炖汤的热气腾腾让很多人望而却步，殊不知，夏天喝汤才是王道。人的肠胃温度一般与外界形成反差，即外在觉得热得大汗淋漓的时候，其实内部的肠胃则处于一个低温状态，此时进食一些温度偏低的冷冻食物则会加重对肠胃的刺激，而热汤是夏天养生的秘诀之一。

汤中添果蔬，解暑又清香

夏季汤品的制作有简单和复杂之分，但看似简单的汤却在夏季中有着不俗的降暑功效，不可小觑。汤水仿佛天生就是令人轻松的食物，或者在餐前，或者在餐后，无伤大雅，又必不可少。在这炎热的夏季，用料简单、普普通通的一锅汤水或者就是一顿饭的全部。

解暑的清凉之汤有很多，最简单的是用各种水果熬成汤，然后放凉，在其中挤上几滴柠檬叶子的汁。柠檬有一种凉爽的口感，水果自然也是微甜，很多女孩子热衷于做这种汤。除此之外，我们最常见的解暑汤还有很多，简单的如素菜汤，复杂的如老火汤，都需要细细的心情来打理。

夏季饮食宜"清补"

营养专家表示，夏季营养物质的补充，应以清淡、滋阴食品为主，也就是我们常说的"清补"。对一般人而言，在盛夏时节，特别是在暑期，最需要做的是将身体内的积热、积湿清除干净，而无需专门吃各种补药补品。民间素有"大暑老鸭汤胜补药"的说法，能起到"滋五脏之阴，清虚劳之热，补血行水，养胃生津，止嗽息惊"之神奇功效，从某种意义上而言，鸭肉是暑天不可多得的滋补上品。

不同年龄段的喝汤原则

人的身体气血盛衰及脏腑功能，会随着年龄增长而发生不同变化，故不同年龄阶段有不同的食养原则。

少儿：生理机能旺盛而脾气不足，且饮食不知自制，故宜食用健脾消食的汤品。

青壮年：精力旺盛，无需进补特别滋补的药膳，注意饮食均衡，及时补充身体所需营养即可，同时要讲究劳逸结合，作息规律。

老年人：生机减退，气血不足，脏腑渐衰，多表现出脾胃虚弱、肾气不足，故宜多食健脾补肾、益气养血之物。

夏季煲汤的最佳食材

冬瓜：其味清淡爽口，实为清暑佳品，煮汤、炒菜皆宜，用冬瓜、薏米、百合、莲子与鸭同炖，能消暑热，开胃食。

金银花：将金银花与菊花同用能解暑热、清脑明目，配上山楂能助消化、通血脉，加入蜂蜜则可添营养。这样搭配气味甜酸，实为夏季进补佳品。

枇杷：含有丰富的甲种维生素、糖、钙、镁等元素，营养价值很高。枇杷中所含的有机酸能刺激消化腺分泌，对增进食欲、帮助消化吸收、止渴解暑有相当的作用。

橄榄：富含钙质，鲜果酥脆可口，初吃时味涩，细嚼后生津，回味甘甜。橄榄营养丰富，含有蛋白质、脂肪、碳水化合物钙、磷、铁及维生素C等。

绿豆：酷暑盛夏，喝点绿豆汤，可消暑解渴。倘若误食有毒食物时，绿豆还可用来解毒。夏天还可用绿豆芽来煲汤，其汤清凉下火，常吃对身体大有裨益。

西洋参：性凉而补，能扶正气、降火、生津液、除烦倦。酷暑盛夏，炎热多汗会损耗正气，损耗人体的阴津，伤阴生虚火，出现疲乏体怠、心烦意乱等症状，可在汤料里添加西洋参，其补虚抗乏效果显著。

鸭肉：性凉味甘，无毒，入肺、肾经，有大补虚劳、清肺解热、滋阴补血、定惊解毒、消水肿的功效。鸭肉一般人都可以食用，尤其适合体热、上火、食少、便秘和有水肿的人食用，夏季食用效果尤佳。

番茄：既是水果，又是佳蔬，生熟皆可食，且可补充人体所需的维生素C。配上鱼丸，就可以煲一道营养开胃的鱼丸番茄汤，食之生津止渴，健胃消食。

无花果：除含有人体必需的多种氨基酸、维生素、矿物质外，还含有柠檬酸、延胡索素、琥珀酸、奎宁酸、脂肪酶、蛋白酶等多种成分，具有很好的食疗功效。现代医学证实，无花果不仅能促进食物的消化，促进食欲，还具有润肠通便的功效。

苦瓜：富含蛋白质、脂肪、碳水化合物、维生素、胡萝卜素、粗纤维、苦瓜素以及钙、磷、铁等。苦瓜有消炎退热、解劳乏、清心明目的功效。苦瓜中含有生理活性蛋白质和维生素 B_{17}，对癌细胞有较强的杀伤力，经常食用能提高人体免疫功能。

禽肉类
QINROULEI

冬瓜薏米煲水鸭

原料

冬瓜	500 克	猪展	150 克
薏米	50 克	姜	5 克
芡实	10 克	盐	5 克
水鸭	500 克	鸡精	5 克
龙骨	250 克		

营养功效

此汤有强筋骨、健脾胃、消肿、去风湿、清热等功效，还有利尿消炎、镇痛等疗效。

薏 米
Yi mi

[食物题解]

薏米属禾本植物，又名薏仁、六谷米、苡仁、米仁、水玉米、菩提子、胶念珠等。薏米是我国古老的食药皆佳的粮种之一。民间对薏米早有认识，并视其为名贵中药，在药膳中应用很广泛，被列为宫廷膳食之一。

[食物营养]

薏米的营养价值较高，所含的蛋白质远比米、面高。人体必需的 8 种氨基酸齐全，且比例接近人体需要。脂肪中含有丰富的亚油酸；所含的 B 族维生素和钙、磷、铁、锌等矿物质也十分可观。而且它还具有容易被消化吸收的特点，对减轻肠胃负担、增强体质有益。

[食疗功效]

薏米含有药用价值很高的意醇、β-γ 两种谷甾醇，这些特殊成分是薏米具有防癌作用的奥秘所在。因此，它被誉为"世界禾本植物之王"，在欧洲，它又被称为"生命健康之禾"，在日本则被列为防癌食品。薏米还是一种美容食品，常食可以保持人体皮肤光泽细腻，消除粉刺、斑雀、老年斑、妊娠斑、蝴蝶斑，对脱屑、痤疮、皲裂、皮肤粗糙等都有良好疗效。经常食用薏米对慢性肠炎、消化不良等症也有效果。

①

②

③

制 作 步 骤

1. 龙骨、猪展、水鸭斩件，薏米、芡实洗净，冬瓜切件。

2. 用锅烧水至水开，放入龙骨、猪展、水鸭汆去血渍，倒出洗净备用。

3. 用沙锅装水，放入水鸭、龙骨、猪展、薏米、芡实、冬瓜、姜，大火煲开后，改用小火煲 2 小时，调入盐、鸡精即可食用。

小贴士 Tips

自制薏米百合粥：将适量薏米、百合淘洗后用温水浸泡 20 分钟，红枣洗净。三者放入锅中加水煮开后转小火煮至薏米开花，汤稠即成。经常服用此粥对老年性水肿、脾虚腹泻、风湿痹痛、肺痈等症有很好的疗效，还能防治癌症。

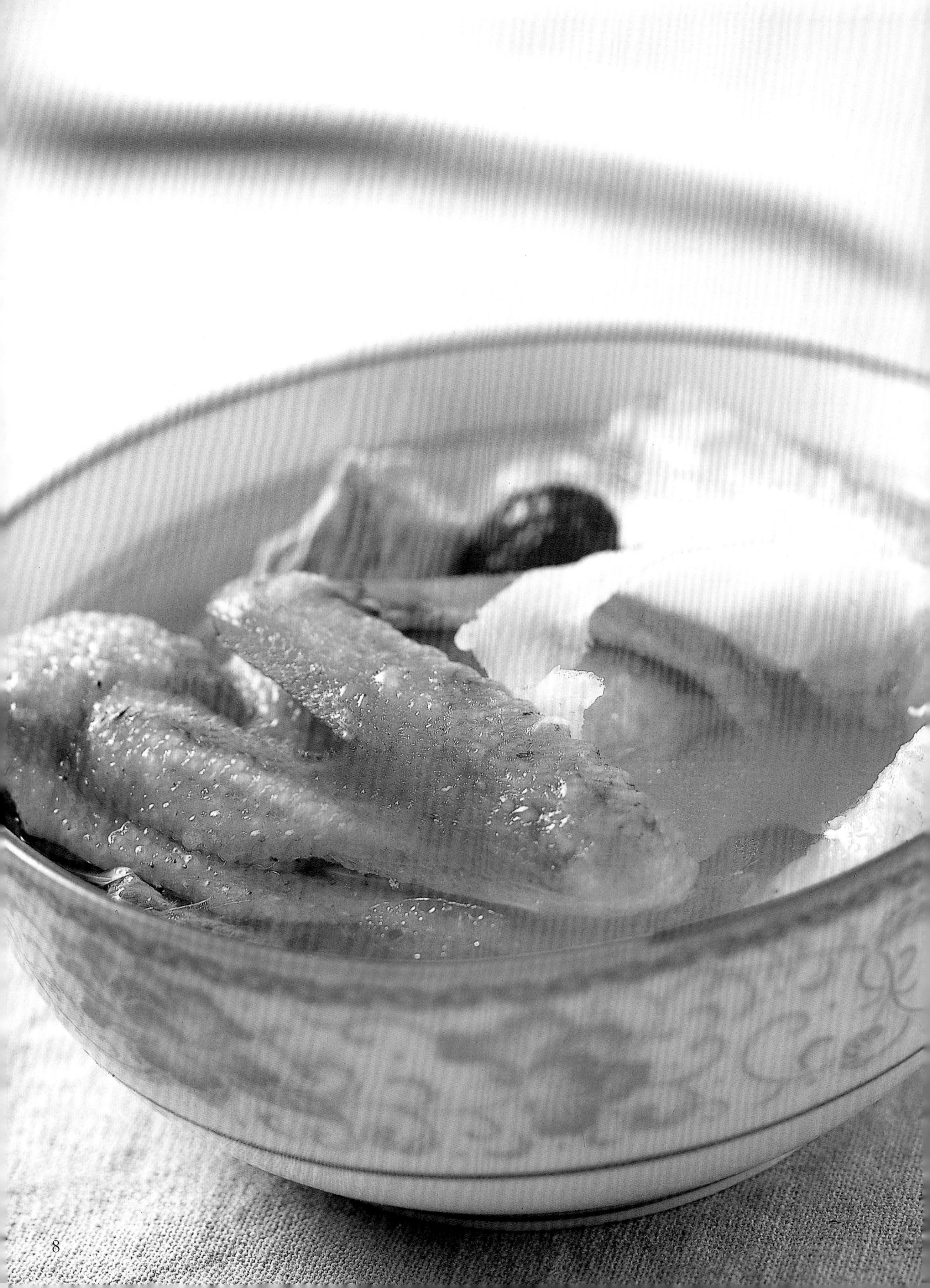

沙参玉竹煲老鸭

原料

沙参	20 克	姜	2 片
玉竹	20 克	盐、鸡精	各适量
老水鸭	1 只		
瘦肉	100 克		
红枣	5 克		

营养功效

此汤滋补效果很好，适用于治疗肺阴虚、久咳不愈，对肺结核引起的低热、干咳、心烦口渴和慢性气管炎，老年糖尿病或病后体虚、津亏肠燥引起的便秘等症有一定的疗效。

沙　参
Sha　shen

[食物题解]

沙参俗名珊瑚菜，有南沙参与北沙参之分。通常所说的沙参是指北沙参。北沙参是伞形科植物珊瑚菜的干燥根，多生于海边、沙滩，主产于山东、河北等省。药材呈细长圆柱形，表面淡黄白色，粗糙。质坚硬而脆，断面角质样，气特异，夏秋两季采挖，洗净经沸水烫后，去皮，晒干即得。

[食物营养]

北沙参能提高 T 细胞比值，提高淋巴细胞转化率，升高白细胞，增强巨噬细胞功能，延长抗体存在时间；提高 B 细胞比值，提高人体免疫功能。北沙参可增强正气，减少疾病，预防癌症的产生。

[食疗功效]

具有养阴清肺、益胃生津的功效。主治燥伤肺阴之干咳痰少、咽干鼻燥、肺痨阴虚之久咳嗽血、热伤胃阴之口渴舌干、食欲不振。

制作步骤

1. 老水鸭去毛、内脏，斩件；瘦肉洗净，切块；沙参、玉竹、红枣洗净。

2. 用锅烧水至水开，放入鸭肉、瘦肉氽去血渍，倒出洗净备用。

3. 将鸭肉、瘦肉、沙参、玉竹、红枣、姜一起放入沙锅内，加入清水适量，大火煲开后，用小火煲 2 小时，加盐、鸡精调味即可食用。

小贴士 Tips

水鸭为水禽，性寒凉，适宜体热上火者食用，特别是有低热、虚弱、食少便干、水肿、盗汗、遗精症状及女子月经少、咽干口渴者。而体质虚弱或受凉引起的少食、腹部冷痛、腹泻清稀、痛经者以不吃为宜。

芡实煲老鸭

原料

芡实	100克	淮山	10克
老鸭	1只	姜	10克
瘦肉	100克	盐	适量
胡萝卜	100克		
党参	10克		

营养功效

芡实滋养强壮，收敛镇静；老鸭滋润。此汤滋阴补肾，适合糖尿病肝肾阴虚者，症见腰膝酸软、头晕耳鸣、失眠健忘、小便频数而浑浊、舌质红且少苔、脉细数。

芡实
Qian shi

[食物题解]

芡实又名鸡头米、鸡头莲，是睡莲科一种水生植物的果实。主产于湖南、江西、安徽、山东等地，多生于池沼湖塘浅水中。秋末冬初采收成熟果实，除去果皮，取出种仁，再除去硬壳，晒干，可食用也可药用。肉皮紫色，梗部似莲梗。芡实米粒如珠，嚼起来有韧性，有水产物的清香。芡实含淀粉、蛋白质、脂肪等。

[食物营养]

芡实含有丰富的碳水化合物，约为75%，而脂肪只含0.2%，极易被人体所吸收。它不但能健脾益胃，还能补充营养素，平时消化不良，或出汗多又容易腹泻者，经常吃芡实粥效果不错。

[食疗功效]

固肾涩精，补脾止泄，利水渗湿。治遗精，淋浊，带下，小便不禁，泄泻，痢疾，着痹。

制作步骤

1. 将老鸭宰好，去毛、内脏，洗净，砍件；芡实洗净；瘦肉、胡萝卜洗净，切块；党参、淮山洗净。

2. 用锅烧水至水开，放入鸭肉、瘦肉氽去血渍，捞出洗净备用。

3. 将全部材料一起放入沙锅内，大火煲开后改用小火再煲2小时，至鸭肉烂熟，加盐、鸡精调味即可食用。

小贴士 Tips

民谚说"嫩鸭湿毒，老鸭滋阴"。据《本草纲目备考》指出："凡鸭新者嫩者毒，长壮者良。"老鸭主要是取其温性较弱，益增滋补之效。

绿豆海带煲乳鸽

原料

乳鸽	1 只	姜	10 克
绿豆	200 克	陈皮	10 克
海带	200 克	盐	10 克
脊骨	500 克	鸡精	5 克
瘦肉	200 克		

营养功效

此汤清热解暑、清肺润肠。暑天炎热胃口不佳时饮用此汤，能开胃提神、排毒解暑。

海 带
Hai dai

[食物题解]

海带又叫昆布、江白菜。为海带科植物海带的叶状体，生长在海底的岩石上，形状像带子，含有大量的碘，可用来提制碘、钾等。中医入药时叫昆布，有"碱性食物之冠"一称。山东、辽宁、浙江、福建、广东沿海有分布或人工养殖。夏、秋季采收，一般晒干备用。

[食物营养]

海带是一种营养价值很高的蔬菜，每百克干海带中含：粗蛋白 8.2 克，脂肪 0.1 克，糖 57 克，粗纤维 9.8 克，矿物质 12.9 克，钙 2.25 克，铁 0.15 克，以及胡萝卜素 0.57 毫克，维生素 B_1 0.69 毫克，维生素 B_2 0.36 毫克，尼克酸 16 毫克，热量 262 千卡。与菠菜、油菜相比，除维生素 C 外，其粗蛋白、糖、钙、铁的含量均高出几倍、几十倍。

[食疗功效]

现代医学研究证明，海带中含有许多有益于人体健康的营养成分和药用成分。食用海带可以降低血糖、血脂和胆固醇，可有效预防动脉硬化、便秘、癌症、老年性痴呆和抵抗衰老等。故日本人把海带称为"长寿菜"。

①

②

③

制 作 步 骤

1. 脊骨、瘦肉斩件冷冻；乳鸽剖好，洗净斩件；姜去皮。

2. 取锅烧水至水开，放入脊骨、乳鸽、瘦肉氽去血渍，捞出洗净备用。

3. 取沙锅，放入脊骨、乳鸽、海带、绿豆、瘦肉、陈皮、姜，加入清水大火煲开后，再用小火煲 2 小时，调入盐、鸡精即可食用。

小贴士 Tips

绿豆性寒，脾胃虚弱的人不宜多吃；服药特别是服温补药时不要吃绿豆食品，以免降低药效。绿豆不宜煮得过烂，以免有机酸和维生素遭到破坏，降低清热解毒功效，但未煮烂的绿豆腥味强烈，吃后易使人恶心、呕吐，因此烹制时应注意火候。

白果北芪炖乳鸽

原料

乳鸽	1只	姜	10克
白果	20克	盐	3克
北芪	10克	鸡精	3克
瘦肉	50克		
红枣	20克		

营养功效

此汤生津止渴、消暑舒神。

白果
Bai guo

[食物题解]

　　白果学名银杏，又称"公孙果"，为银杏科落叶乔木银杏的干燥成熟种子。银杏树，又名白果树、公孙树，是世界上现存最古老的果树之一。白果用时去壳，捣碎，生用，或蒸、煮熟以后用；白果熟食用以佐膳、煮粥、煲汤或作夏季清凉饮料等。

[食物营养]

　　白果是营养丰富的高级滋补品，含有粗蛋白、粗脂肪、还原糖、核蛋白、矿物质、粗纤维及多种维生素等成分。据科学得出结论：每100克鲜白果含蛋白质13.2克，碳水化合物72.6克，脂肪1.3克，且含有维生素C、核黄素、胡萝卜素，及钙、磷、铁、硒、钾、镁等多种微量元素，8种氨基酸，具有很高的食用价值、药用价值、保健价值，对人类健康有神奇的功效。

[食疗功效]

　　白果性平，味甘、苦、涩，有小毒；可润肺，定喘，涩精，止带，寒热皆宜；主治喘咳痰多、赤白带下、小便白浊、小便频数、遗尿等症。

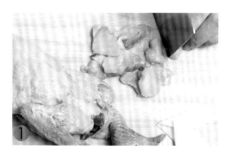

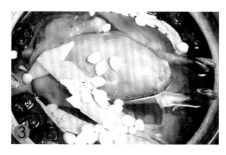

制作步骤

1. 乳鸽处理干净留原只，瘦肉切成块，姜去皮切片。

2. 锅内烧水至水开，投入乳鸽，汆去血渍，捞起备用。

3. 取炖盅，加入乳鸽、白果、北芪、瘦肉、红枣、姜，注入适量清水，加盖炖约3小时，调入盐、鸡精，即可食用。

小贴士 Tips

　　使用白果切不可过量，服食白果制成的食品也应注意这点。白果的外种皮有毒，能刺激皮肤引起接触性皮炎。

西洋参猴头菇煲乳鸽

原料

乳鸽	1只	盐	5克
西洋参	15克	鸡精	3克
猴头菇	250克		
枸杞子	5克		
姜	10克		

营养功效

此汤营养丰富，老少皆宜，可补肝肾，强筋骨，益虚损。适用于脾胃虚弱、食少乏力、气虚自汗、腰膝酸软、小便频数或由于气血两虚所致眩晕心悸、健忘、面色无华及慢性肌劳损等症的食疗。

西洋参
Xi yang shen

[食物题解]

西洋参根呈圆柱形或短圆柱形，下部有分歧状枝根，以条匀、质硬、表面横纹紧密、气清香、味浓者为佳。

[食物营养]

在众多参品中，只有西洋参性凉，故最适合夏季食用。由于西洋参能益气降火、解酒清热、提神、健脾开胃，因此很适合工作太忙以至于睡眠不足的人食用（长期服用无妨）。同时，西洋参最好空腹服用，因此时胃部的吸收力较好，更容易显现效果。

[食疗功效]

西洋参味甘、微苦，性凉。归心、肺、肾经，质润气清、降而能升，益气生津、养阴清热，对心血管系统有改善心肌功能，有抗缺血、抗心律失常、抗动脉硬化、抗缺氧、抗疲劳、促进造血、降血糖、增强免疫力及镇静等功效。

制作步骤

1. 乳鸽处理干净切成块，猴头菇用温水泡发，姜去皮切片。

2. 锅内烧水至水开，投入乳鸽，氽去血渍，捞出冲净备用。

3. 取沙锅，加入乳鸽、西洋参、猴头菇、枸杞子、姜，注入适量清水，大火煲开后，用小火煲约2小时，调入盐、鸡精即可食用。

小贴士 Tips

西洋参不利于湿症，服用时还要考虑季节性。春天和夏天气候偏干，比较适合服用西洋参，不宜服用人参或红参；而秋、冬季节更适宜服用人参。

旱莲草麦冬炖乌鸡

原料

旱莲草	10克	盐	适量
乌鸡	1只	鸡精	适量
麦冬	10克		
料酒	10毫升		
姜	适量		

营养功效

旱莲草滋养肝肾，降脂减肥。麦冬含有多种维生素，具有美颜色、悦肌肤的功效。乌鸡滋阴补血。此汤适于肥胖症患者减肥食用。

旱莲草
Han lian cao

[食物题解]

旱莲草别名鳢肠、墨旱莲。为菊科植物鳢肠的干燥地上部分，一年生草本，生于田边、水边和湿草地，一般秋季开花，夏秋季采收，采根茎叶洗净晒干做药用。主产于湖南、四川、贵州、广西、陕西等地。

[食物营养]

旱莲草具有很高的食疗价值，治吐血、咳血、衄血、尿血、便血、血痢、刀伤出血、须发早白、白喉、淋浊、带下、阴部湿痒。

[食疗功效]

对肝肾阴虚所致的头昏目眩、牙齿松动、腰背酸痛、下肢痿软诸症以及血热所致的多种出血证候有良好疗效。配车前草：清热解毒、凉血止血、利水通淋。配女贞子：补肾滋阴、养肝明目。配丹参：活血祛淤、凉血止血。

制作步骤

1. 旱莲草、麦冬洗净；乌鸡宰杀，洗净，切块。

2. 锅内烧水至水开，放入乌鸡氽去血渍，捞出洗净备用。

3. 将旱莲草、麦冬及姜、乌鸡一起放入炖盅，加入适量开水，大火煲开，改用小火炖2小时，放入盐、鸡精调味即可食用。

小贴士
Tips

消化不良者慎食。

人参芸豆煲老鸡

原料

老鸡	350 克	盐	5 克
人参须	20 克	鸡精	3 克
芸豆	50 克		
枸杞子	5 克		
姜	10 克		

营养功效

此汤大补元气、生津止渴。

姜
Jiang

[食物题解]

　　姜属姜科，为植物姜的干燥根茎或鲜根茎，多年生草本植物。姜按用途和收获季节不同而有嫩姜和老姜之分。姜是一种极为重要的调味品，同时也可作为蔬菜单独食用，而且还是一味重要的中药材。它可将自身的辛辣味和特殊芳香渗入到菜肴中，使之鲜美可口，味道清香。

[食物营养]

　　姜的提取物能刺激胃黏膜，引起血管运动中枢及交感神经的反射性兴奋，促进血液循环，振奋胃功能，达到健胃、止痛、发汗、解热的作用。姜的挥发油能增强胃液的分泌和肠壁的蠕动，从而帮助消化。姜中分离出来的姜烯、姜酮的混合物有明显的止呕吐作用。

[食疗功效]

　　姜味辛，性微温，入脾、胃、肺经；具有发汗解表、温中止呕、温肺止咳、解毒的功效；主治外感风寒、胃寒呕吐、风寒咳嗽、腹痛腹泻、中鱼蟹毒等病症。

①

②

③

制作步骤

1. 将老鸡砍成大块，人参用温水泡透，姜去皮切片。

2. 锅内烧水至水开，投入老鸡，余去血渍，捞出备用。

3. 取沙锅，加入老鸡、人参、芸豆、枸杞子、姜，注入适量清水，大火煲开后，用小火煲约 2 小时，调入盐、鸡精即可食用。

小贴士 Tips

　　烂姜、冻姜不要吃，因为姜变质后会产生致癌物。由于姜性质温热，有解表功效，因此只能在受寒的情况下作为食疗应用。

冬菇鸡脚花生汤

原料

冬菇	50克	姜	5克
鸡脚	500克	盐	5克
花生仁	200克	鸡精	5克
龙骨	300克		
猪展	150克		

营养功效

此汤有开胃醒脾、润肠养脾的功效，能提高少年记忆力，对老年人有滋养保健之功，还可降低胆固醇，同时对防止动脉粥样硬化和冠心病的发生均有疗效。

①

②

③

冬 菇
Dong gu

[食物题解]

冬菇又称香蕈、椎耳、香信、香菇、厚菇、花菇，是我国传统的著名食用菌，是世界最早由人工栽培的菇类。由于它味道鲜美，香气沁人，营养丰富，不但位列草菇、平菇、白蘑菇之上，而且素有"植物皇后"之誉。

[食物营养]

含有 10 多种氨基酸，其中有异亮氨酸、赖氨酸、苯丙氨酸、蛋氨酸、苏氨酸、缬氨酸等多种人体必需的氨基酸，还含有维生素 B_1、维生素 B_2。冬菇中含不饱和脂肪酸甚高，还含有大量的可转变为维生素D的麦角甾醇和菌甾醇。冬菇中的碳水化合物以半纤维素居多，主要成分是甘露醇、海藻糖、戊聚糖、甲基戊聚糖等。

[食疗功效]

经常食用能预防人体特别是婴儿因缺乏维生素D而引起的血磷、血钙代谢障碍导致的佝偻病，可预防人体各种黏膜及皮肤病。冬菇中含有大量钾盐及其他矿物质元素，被视为防止酸性食物中毒的理想食品。我国不少古籍中曾记载，冬菇"益气不饥，治风破血和益胃助食"。民间用来治痘疮、麻疹、头痛、头晕。

制作步骤

1. 龙骨、猪展斩件，鸡脚洗净，冬菇、花生仁泡洗干净。

2. 锅烧水至水开，放入龙骨、猪展、鸡脚氽去血渍，捞出洗净备用。

3. 沙锅装水用大火烧开，放入龙骨、猪展、花生仁、冬菇、鸡脚、姜，煲开后，用小火煲2小时，调入盐、鸡精即可食用。

小贴士 Tips

选购冬菇时以梗粗短、伞肉厚实的为宜，而伞部内侧变黑或伞部乌黑潮湿的不宜食用。冬菇吸水性强，含水量高时容易氧化变质，也会发生霉变。因此，冬菇必须干燥后才能进行贮存。发好的冬菇要放在冰箱里冷藏才不会损失营养。泡发冬菇的水不要丢弃，因为很多营养物质都溶在水中。

猴头菇木瓜煲鸡脚

原料

鸡脚	250 克	盐	6 克
猴头菇	50 克	鸡精	3 克
木瓜	200 克		
红枣	15 克		
姜	10 克		

营养功效

此汤气味清润，有提神解疲、强筋健骨的功效，亦可当家庭周末靓汤。

猴头菇
Hou tou gu

[食物题解]

猴头菇是食用蘑菇中较名贵的品种，与熊掌、海参、鱼翅同列"四大名菜"。菌肉鲜嫩，香醇可口，有"素中荤"之称，明清时期被列为贡品。

[食物营养]

猴头菇是一种高蛋白、低脂肪、富含矿物质和维生素的优良食品。猴头菇含不饱和脂肪酸，能降低血胆固醇和甘油三酯含量，调节血脂，利于血液循环，是心血管患者的理想食品。猴头菇含有的多糖体、多肽类及脂肪物质、多种氨基酸和丰富的多糖体，能助消化，对胃炎、胃癌、食道癌、胃溃疡、十二指肠溃疡等消化道疾病的疗效令人瞩目。猴头菇具有提高机体免疫力的功能，可延缓衰老。

[食疗功效]

猴头菇性平，味甘，利五脏，助消化，具有健胃、补虚、抗癌、益肾精之功效；主治食少便溏、胃及十二指肠溃疡、神经衰弱、食道癌、胃癌、眩晕、阳痿等病症。年老体弱者食用猴头菇，有滋补强身的功效。

制作步骤

1. 鸡脚处理干净，猴头菇用温水泡透洗干净，木瓜去籽、皮切块，姜去皮切片。

2. 锅内烧水至水开，投入鸡脚，氽去血污，捞出待用。

3. 取沙锅，加入鸡脚、猴头菇、木瓜、红枣、姜，注入适量清水，大火煲开后，用小火煲约2小时，调入盐、鸡精即可食用。

小贴士 Tips

猴头菇新鲜时呈白色，干制后呈褐色或淡棕色。现在一些人工栽培的猴头菇，以形体完整、茸毛齐全、体大、色泽金黄色者为主要标志。

沙参玉竹响螺煲水鸭

原料

沙参	10克	响螺	300克	猪展	500克
玉竹	15克	水鸭	500克	脊骨	200克
淮山	10克	姜、葱	各5克	盐、鸡精	各适量

制作步骤

1. 水鸭杀好洗净、斩件，响螺肉切片，猪展、脊骨切件，沙参、玉竹、淮山洗净。

2. 锅烧水至水开，放入水鸭、猪展、脊骨氽去血水，捞出备用。

3. 将螺肉、猪展、脊骨、沙参、玉竹、淮山、姜、葱、水鸭放入沙锅内，加入清水大火煲开后，用小火煲2小时，调入盐、鸡精即可食用。

 ①
 ②
 ③

营养功效

此汤养阴清肺、益胃生津，还能除虚热、治燥咳、调血气、润心肺、生津止渴。对老人糖尿病及病后体虚都有很好的疗效。

小贴士 Tips

医学家认为玉竹常吃可以轻身减肥，西汉汉成帝的皇后赵飞燕，传说她入宫前常吃玉竹而使得身轻如燕，体态婀娜。

玉米煲老鸭

原料

玉米	400 克	脊骨	400 克	姜	20 克
老鸭	500 克	猪展	300 克	盐、鸡精	各适量

制作步骤

1. 玉米斩段，脊骨斩件，猪展切件，姜去皮，老鸭剖好斩件。

2. 锅烧水至水开，放入老鸭、脊骨、猪展汆去血渍，捞出备用。

3. 沙锅内加入老鸭、猪展肉、脊骨、玉米、姜，再加入清水，煲 2 小时，调入盐、鸡精即可食用。

营养功效

主治肾阳虚、盗汗、遗精、口干咽燥、潮热、舌质嫩红少苔、脉细。玉米含丰富的钙，可起到降血压的功效。

 ①  ②  ③

小贴士 Tips

注水鸭识别三法：①看翅膀。翻起鸭的翅膀仔细地察看，若发现上面有红色针点，周围呈乌黑色，就证明已经注了水。②掐皮层。在鸭的皮层下，用手指一掐，明显地感到打滑，一定是注过水的。③用手摸。未注过水的鸭身上摸起来平滑，皮下注过水的鸭高低不平，摸起来好像长有肿块。

鲍鱼野鸭汤

营养功效

鲍鱼的肉中含有一种"鲍素"，能破坏癌细胞必需的代谢物质，食之不仅能降压，而且能双向调节血压，调整肾上腺素的分泌。

原 料

鲍鱼	100克	脊骨	300克	姜	10克
瘦肉	300克	野鸭	500克	盐、鸡精、料酒	各适量

制 作 步 骤

1. 野鸭剖好斩件，瘦肉、脊骨切件，姜去皮。

2. 锅烧水至水开，放入野鸭、瘦肉、脊骨，汆去血渍，再用清水冲净。

3. 将鲍鱼、野鸭、瘦肉、脊骨、姜放入沙锅内，注入清水，大火煲开后，用小火煲2小时，调入料酒、盐、鸡精，即可食用。

小贴士 Tips

鲍鱼一定要煮透，不能吃半生不熟的。有些人一吃鲍鱼就胃痛，这是因为它的高蛋白质颇难消化的缘故。痛风患者及尿酸高者不宜吃鲍肉，只宜少量喝汤；感冒发烧或阴虚喉痛的人也不宜食用。

石斛眉豆煲鸭

原料

鸭	350 克	眉豆	50 克	枸杞子	5 克
石斛	20 克	桂圆肉	20 克	姜、盐、鸡精	各适量

制作步骤

1. 鸭切成块，眉豆用温水泡透，姜去皮拍破。

2. 锅内烧水至水开，投入鸭，氽去血渍，捞起洗净待用。

3. 取沙锅，加入鸭、石斛、眉豆、桂圆肉、枸杞子、姜和适量清水，大火煲开后，改用小火煲约 2 小时，调入盐、鸡精即可食用。

营养功效

　　鸭肉可大补虚劳、滋五脏之阴、清虚劳之热、补血行水、养胃生津，治身体虚弱、病后体虚、营养不良性水肿。

小贴士 Tips

　　鸭肉是一种美味佳肴，适于滋补，是各种美味名菜的主要原料。人们常言"鸡鸭鱼肉"四大荤，鸭肉蛋白质含量比畜肉含量高得多，脂肪含量适中且分布较均匀。

灵芝炖老鸡

原料

灵芝	10克	红枣	5克	葱	3克
猪展	150克	枸杞子	3克	盐	5克
老鸡	1只	姜	3克	鸡精	5克

制作步骤

1. 老鸡剁洗干净，灵芝切块，猪展肉斩件，红枣、枸杞子洗净。

2. 锅内烧水至水开，放入老鸡、猪展汆去血渍，倒出洗净。

3. 将老鸡、猪展、灵芝、红枣、枸杞子、姜、葱放入炖盅内，加清水炖2小时，调入盐、鸡精即可食用。

营养功效

　　灵芝味甘性平，是滋补强壮、扶正培本的珍贵药物。此汤对各种慢性病、高血压、关节炎等都有不同程度的疗效。

小贴士 Tips　　灵芝和其他如人参等补品对人身体的作用机理是不同的，灵芝在于调节，通过提高免疫力，调节内分泌系统使身体各器官恢复正常。

响螺煲老鸡

山药补脾肺，清虚热，固肠胃，润肺化痰，止泻。枸杞子润肺清肝，滋肾益气，生精助阳。

原料

淮山	10 克	老鸡	250 克	枸杞子	5 克
龙骨	250 克	姜	3 克	盐	5 克
猪展	150 克	响螺	200 克	鸡精	5 克

制作步骤

1. 龙骨、猪展、老鸡洗净斩件，响螺洗净，枸杞子、淮山洗净备用。

2. 用锅烧水至水开后，放入老鸡、龙骨、猪展、响螺汆去血渍，倒出洗净。

3. 用沙锅装清水用大火烧开，放入老鸡、龙骨、猪展、响螺、姜、淮山、枸杞子，煲开后，改用小火煲 3 小时，调入盐、鸡精即可食用。

小贴士
Tips

　　山药皮可引起皮肤轻微过敏，但你只要把双手放进撒了盐或醋的温水中，一会儿就好了。或者直接把醋倒在过敏的地方便可。

沙参玉竹生地煲老鸡

原料

老鸡	500 克	生地	15 克	盐	5 克
玉竹	10 克	姜	10 克	鸡精	5 克
沙参	10 克	脊骨	500 克		

营养功效

此汤养阴清肺、益胃生津、除虚热、治燥咳。适宜夏季用来养阴生津、清热凉血。

制作步骤

1. 老鸡杀好，脊骨斩件，姜去皮。

2. 锅烧水至水开，将脊骨、老鸡氽水，捞出冲净。

3. 取沙锅，放入老鸡、脊骨、玉竹、沙参、生地、生姜，加入清水，大火煲开后，改用小火煲 2 小时，调入盐、鸡精即可食用。

小贴士 Tips

玉竹以条粗长，淡黄色饱满质结，半透明状，体重，糖分足者为佳；以条细瘦瘦、色探体松或发硬，糖分不足者为次。栽培品以湘玉竹及海门玉竹为佳，其他地区栽培品亦优，野生品则较次。

北芪党参煲老鸡甲鱼

营养功效

党参补气、养血、养脾，对神经有兴奋作用，能增强机体抵抗力，还能使红细胞和血色素增加。此汤能生津养血、补气益胃。

原料

北芪	10 克	甲鱼	1 只	瘦肉	100 克
党参	10 克	姜	10 克	枸杞子、鸡精	各 5 克
老鸡	1 只	脊骨	500 克	红枣、盐	各 10 克

制作步骤

1. 老鸡杀好，甲鱼剖好洗净，脊骨、瘦肉斩件，北芪、党参洗净，姜去皮。

2. 锅烧水至水开，将老鸡、甲鱼、脊骨、瘦肉汆去血渍，捞出备用。

3. 取沙锅，加入老鸡、甲鱼、脊骨、瘦肉、北芪、党参、姜、枸杞子、红枣，再加入清水，大火煲开后，用小火煲 2 小时，调入盐、鸡精即可食用。

小贴士
Tips

实症、热症禁服；正虚邪实症不宜单独应用党参，且不宜与藜芦同用。

石斛西洋参炖鸡

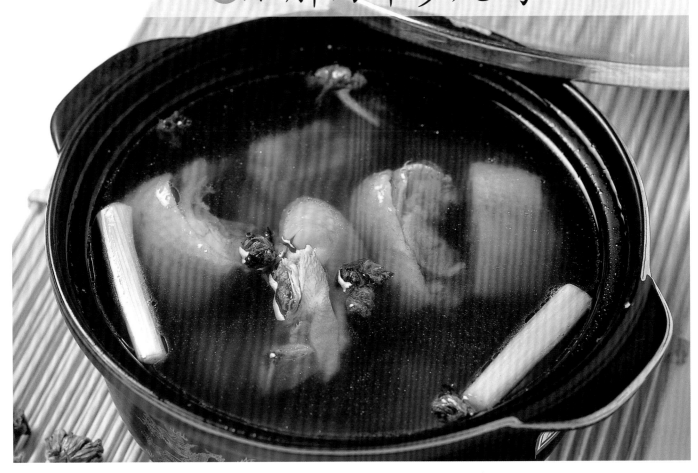

原料

石斛	10 克	猪展	150 克	葱	3 克
西洋参	15 克	枸杞子	3 克	盐	5 克
老鸡	500 克	姜	3 克	鸡精	5 克

制作步骤

1. 老鸡、猪展斩件，石斛、花旗参洗净。

2. 锅内烧水至水开，放入老鸡、猪展氽去血渍，倒出洗净备用。

3. 将老鸡、猪展、石斛、西洋参、枸杞子、姜、葱放入炖盅内，加入清水炖 2 小时，调入盐、鸡精即可食用。

营养功效

此汤益气生津、养肝清热、滋阴养颜。

小贴士 Tips

枸杞子是一种具有强韧生命力及精力的植物，非常适合用来消除疲劳。它能够促进血液循环，防止动脉硬化，还可预防肝脏内脂肪的固积。枸杞子内所含有的各种维生素、必需氨基酸及亚芝麻油酸全面性地运作，可以促进体内的新陈代谢，也能够防止衰老。

川贝苹果炖土鸡

原料

土鸡	300 克	桂圆肉	15 克	鸡精	2 克
川贝	10 克	姜	10 克		
苹果	1 个	盐	3 克		

营养功效

川贝是润肺止咳、化痰平喘之佳品，苹果具有生津、润肺、除烦解暑的功效；主治中气不足、消化不良、轻度腹泻、烦热口渴等。

制 作 步 骤

1. 土鸡切成块，苹果去核切成块，姜去皮切片。

2. 锅内烧水至水开，放入土鸡，氽去血渍，捞起备用。

3. 取炖盅，加入土鸡、川贝、苹果、桂圆肉、姜，注入适量清水，炖约 2 小时，调入盐、鸡精即可食用。

小贴士 Tips

川贝和苹果是很好的搭配，两者同炖，可补心益气、生津止渴、清热除烦、助消化、益脾止泻。

猴头菇三宝煲鸡

原料

猴头菇	150 克	海马	15 克	瘦肉	500 克
老鸡	1 只	干贝	10 克	脊骨	200 克
海龙	10 克	姜	15 克	盐、鸡精	各适量

制 作 步 骤

1. 老鸡剖好、洗净，猴头菇浸水 3 小时后切件，瘦肉、脊骨切件。

2. 锅烧水至水开时，放入老鸡、瘦肉、脊骨氽去血渍，捞出洗净。

3. 将老鸡、瘦肉、猴头菇、海龙、海马、干贝、姜、脊骨一起放入沙锅内，加入清水，煲 2 小时后调入盐、鸡精即可食用。

营养功效

　　猴头菇产于中国各省和西欧等地，有助消化、利五脏等功效。海马和海龙有补肾壮阳的功效。此汤对于肾虚、腰膝酸软、阳痿等有很好疗效。

小贴士 Tips

　　人工培育的猴头菇营养成分要高于野生的，食用猴头菇要经过洗涤、胀发、漂洗和烹饪四个阶段，待猴头菇软烂如豆腐时，其营养成分才能完全析出。

白果鸡肉汤

原料

鸡肉	500 克	瘦肉	200 克	鸡精	5 克
白果	50 克	姜	10 克		
脊骨	200 克	盐	5 克		

制作步骤

1. 先将鸡肉剖好切件，脊骨、瘦肉斩件，姜去皮。

2. 锅烧水至水开后，放入脊骨、鸡肉、瘦肉汆去血渍，捞出洗净。

3. 在沙锅内放入脊骨、鸡肉、姜、白果、瘦肉，再加入清水，大火煲开后，用小火煲 2 小时后调入盐、鸡精即可食用。

营养功效

白果可以扩张微血管，促进血液循环，使人肌肤红润，精神焕发；还具有敛肺定喘、燥湿止带、益肾固精、镇咳解毒等功效。

小贴士 Tips

白果中的白果酸，生食或过量食用都易引起中毒，中毒后的潜伏期为 1 ～ 12 小时，多有恶心、呕吐、腹痛、腹泻等胃肠道症状。因此，食用白果量不宜多，须慎重。

冬瓜鸡肉汤

原料

冬瓜	500 克	脊骨	500 克	盐	5 克
鸡肉	500 克	姜	10 克	鸡精	5 克

营养功效

此汤可清热解暑，利尿消肿，治暑气过重导致的体虚、神疲乏力、四肢困倦等。

制作步骤

1. 冬瓜切件，鸡肉切件，脊骨斩件，生姜去皮。

2. 锅烧水至水开后，放入鸡肉、脊骨氽去血渍，捞出备用。

3. 取沙锅，放入冬瓜、脊骨、鸡肉、姜，加入清水，大火煲开后，用小火煲 2 小时，调入盐、鸡精即可食用。

小贴士 Tips

冬瓜是大家喜食的蔬菜之一，不仅可作良蔬佳肴食用，还是预防和医治疾病的良药。把鲜冬瓜捣烂绞汁饮用，或用鲜冬瓜皮 300 克加少许盐，水煎当茶饮，可预防中暑。用冬瓜子 5 克加红糖捣烂研细，开水冲服，日服 2 次，可治咳嗽。

田七花淡菜煲鸡腿

原料

田七花	20克	胡萝卜	150克	鸡精	3克
鸡腿	1只	姜	10克		
淡菜	50克	盐	3克		

制 作 步 骤

1. 鸡腿处理干净留原只，淡菜清洗干净，胡萝卜去皮切块，姜去皮拍破。

2. 用锅烧水至水开，放入鸡腿，汆去血渍，捞起备用。

3. 取沙锅，加入鸡腿、淡菜、田七花、胡萝卜、姜，注入适量清水，大火煲开后，用小火煲约1.5小时，调入盐、鸡精即可食用。

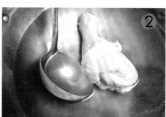

营养功效

此汤补肝肾、益精血，适宜中老年人体质虚弱、气血不足、营养不良者夏季补益。

小贴士
Tips

田七又名三七，味甘微苦，性温，归肝、胃经。田七具有良好的止血功效、显著的造血功效，能加强和改善冠脉微循环。田七入药历史悠久，功效奇特，被历代医家视为药中之宝，故有"金不换"之说法。

首乌山楂鸡肉汤

原 料

山楂	15克	鸡肉	500克	盐、鸡精 各适量
首乌	15克	姜	5克	

制 作 步 骤

1. 山楂、首乌分别洗净；鸡肉洗净，斩块。

2. 锅内烧水至水开，放入鸡肉氽去血渍，捞出洗净。

3. 将鸡肉、首乌、山楂、生姜片一起放入沙锅内，加入适量清水，大火煲开，改用小火煲1.5小时，调入盐、味精即可食用。

营养功效

此汤减肥降脂，适用于肥胖、高血压等症，以及肝肾阴虚所致的头晕目眩、耳鸣、健忘、遗精、腰膝酸软等症。

小贴士 Tips

首乌不能用铁质器具煎煮。

海底椰煲乌鸡

原 料					
海底椰	100 克	乌鸡	400 克	鸡精	5 克
龙骨	250 克	姜	5 克		
猪展	300 克	盐	5 克		

制 作 步 骤

1. 龙骨、猪展斩件，乌鸡剁净、洗净，海底椰取肉。

2. 锅内烧水至水开，放入龙骨，猪展、乌鸡氽去血渍，捞出洗净。

3. 沙锅装清水用大火烧开，放入龙骨、猪展、乌鸡、海底椰、姜，煲开后，改用小火煲 2 小时，调入盐、鸡精即可食用。

营养功效

海底椰性温滋补，可止咳化痰；乌鸡营养丰富，性温味甘，既补气，又补血。合而为汤，营养全面，为滋补佳品。

小贴士 Tips

乌鸡连骨（砸碎）熬汤滋补效果最佳。炖煮时不要用高压锅，使用沙锅小火慢炖最好。

川芎田七乌鸡汤

原料

川芎	10克	猪展	150克	盐	5克
田七	10克	乌鸡	400克	鸡精	5克
龙骨	200克	姜	5克		

制作步骤

1. 龙骨、猪展、乌鸡斩件,川芎、田七洗净,姜去皮。

2. 锅内烧水至水开,放入龙骨、猪展、乌鸡氽去血渍,倒出洗净。

3. 沙锅装清水用大火烧开,放入龙骨、猪展、乌鸡、老姜、川芎、田七煲开后,改用小火煲3小时,调入盐、鸡精即可食用。

营养功效

乌鸡肉质细嫩,味鲜可口,营养丰富,对人体极具滋补功效,是高级营养滋补品。

小贴士
Tips

川芎辛散温通,有活血祛淤的功效,作用广泛,适用于各种瘀血阻滞之病症,尤为妇科调经要药。治月经不调、经闭、痛经,常配当归等药同用。

椰子银耳煲老鸽

营养功效

此汤能治咳、润肺滋阴、清热活血、补脑强心、降血压及健脾、且不含过多蛋白质，宜多饮。

原料

老鸽	500 克	银耳	200 克	鸡精	5 克
脊骨	500 克	姜	20 克		
椰子	200 克	盐	5 克		

制作步骤

1. 老鸽剖好、斩件、洗净，脊骨斩件，银耳洗净，椰子取肉。

2. 锅烧水至水开，放入老鸽、脊骨汆去血渍，捞出洗净。

3. 取沙锅，加入老鸽、脊骨、椰子肉、银耳、姜，再加入清水，大火煲开后，改用小火煲 2 小时，调入盐、鸡精即可食用。

小贴士 Tips

椰子又称奶桃、可可椰子，俗称越王头，古称胥邪。棕榈科常绿乔木椰子的果实，壳硬肉硬多汁鲜果。原产东南亚地区，我国由越南引入，已有 2000 多年历史。椰子是典型的热带水果。

甘草炖鸽子

原料

鸽子	1只	香菇	30克	鸡精	适量
瘦肉	100克	姜	5克		
甘草	10克	盐	适量		

制作步骤

1. 甘草、香菇洗净，鸽子宰杀、洗净，瘦肉洗净切片。

2. 锅内烧水至水开，放入鸽子、瘦肉汆去血渍，捞出洗净。

3. 将鸽子、香菇、瘦肉、甘草、姜一起放入炖盅内，加入适量开水，大火炖开，改用小火炖1.5小时，加入盐、鸡精调味即可食用。

营养功效

甘草和中缓急，润肺解毒。香菇助消化，降血脂。鸽子补益肾气。此汤适宜减肥瘦身者食用。

小贴士 Tips

孕妇过量食用甘草会引起大量出血，甚至导致早产。患有血压过高、肥胖、糖尿病、肾脏疾病、心脏病或肝脏和月经不调者应避免摄入甘草。

二冬炖鹌鹑

原料

天冬	10克	瘦肉	200克	姜	适量
麦冬	10克	香菇	20克	盐	适量
鹌鹑	1只	玉兰片	20克	鸡精	适量

制作步骤

1. 天冬、麦冬、香菇洗净；鹌鹑宰杀，去内脏，洗净；瘦肉洗净，切块。

2. 锅内烧水至水开，放入鹌鹑、瘦肉汆去血渍，捞出洗净。

3. 将天冬、麦冬、姜、玉兰片、香菇、鹌鹑、瘦肉一起放入锅内，加入适量开水，大火炖开，改用小火炖2小时，加入盐、鸡精调味即可食用。

营养功效

天冬养阴清热，润肺滋肾。麦冬养阴清热，润肺止咳。香菇助消化，降血脂。玉兰片开胃助消化。鹌鹑利水消肿，补益五脏。此汤减肥瘦身，养阴美容。

小贴士 Tips

鹌鹑不仅食用营养价值很高，而且药用价值也很高。鹌鹑味甘性平，无毒，具有益中补气、强筋骨、耐寒暑、消结热、利水消肿的作用。明代著名医学家李时珍在《本草纲目》中曾指出，鹌鹑的肉、蛋有补五脏、益中续气、实筋骨、耐寒暑、消热结之功效。

菊花北芪煲鹌鹑

原料

菊花	50克	龙骨	250克	姜	5克
北芪	10克	鹌鹑	250克	盐	5克
红枣	6枚	猪展	150克	鸡精	5克

制作步骤

1. 鹌鹑剖好洗干净，龙骨、猪展斩件。

2. 锅内烧水至水开，放入鹌鹑、龙骨、猪展余去血渍，捞出洗净。

3. 沙锅装水用大火烧开，放入龙骨、猪展、鹌鹑、菊花、北芪、姜煲开后，改用小火煲2小时，调入盐、鸡精即可食用。

营养功效

北芪有补中益气、增强抵抗力、预防感冒、降血压、保护肝脏等疗效。此汤对虚弱贫血、营养不良之症状者尤其适用。

小贴士 Tips

菊花疏风较弱，清热力佳，用于外感风热常配桑叶同用，也可配黄芩、山栀治热盛烦躁等症。菊花清热解毒之功甚佳，为外科要药，主要用于热毒疮疡、红肿热痛之症，特别对于疔疮肿痛毒尤有良好疗效，既可内服，又可捣烂外敷。

灵芝陈皮老鸭汤

原料

老鸭	1只	陈皮	1/4 个
灵芝	50克	姜	3 片
蜜枣	3枚	盐、食用油、酱油	各适量

营养功效

鸭肉配以养心安神的灵芝为汤，特别对暴雨湿闷天的养生调理十分有效。

制作步骤

1. 灵芝浸泡4小时以上，洗净；蜜枣、陈皮洗净。

2. 老鸭洗净，去内脏、尾部。

3. 所有材料一起放进沙锅内，加入清水适量，大火煲开，转小火煲2.5小时，调入盐、食用油、酱油即可食用。

小贴士 Tips 市场上散装的灵芝，最好清洗后食用。

木瓜银耳煲老鸭

原料

木瓜	200克	姜	10克
老鸭	300克	盐、鸡精	各适量
银耳	50克		

营养功效

此汤对因暑热时体力、精力消耗过大及睡眠不足者有较好的辅助治疗作用。

制作步骤

1. 老鸭处理干净砍成段，木瓜去籽、皮切块，银耳用温水泡透，姜去皮拍破。

2. 锅内烧水至水开，放入老鸭氽去血渍，捞出洗净。

3. 取沙锅，加入老鸭、姜，注入适量清水，大火煲开后，改用小火煲约1.5小时，加入木瓜、银耳继续煲30分钟，调入盐、鸡精即可食用。

小贴士 Tips 在东莞民间，此汤被称为男"寿星"汤，特别适合在夏初的干燥天气食用。

虫草花炖水鸭

原料

水鸭	300 克	枸杞子	5 克
脊骨	100 克	姜	10 克
虫草花	15 克	盐、鸡精	各适量

营养功效

此汤是夏季的滋补佳品,可以滋补心肺,滋肾益精,和胃消食。

制作步骤

1. 水鸭处理干净切成块,脊骨砍成块,姜去皮切片。

2. 锅内烧水至水开,放入水鸭、脊骨汆去血渍,捞出洗净。

3. 取炖盅,加入水鸭、脊骨、虫草花、枸杞子、姜,调入盐、鸡精,注入适量清水,加盖,入蒸柜炖约 2.5 小时即可食用。

小贴士 Tips 炎热的时候喝此汤最合适,能帮助改善"苦夏"的症状。

冬瓜煲老鸭

原料

老鸭	300 克	胡萝卜	50 克
冬瓜	300 克	姜	10 克
泡黄豆	50 克	盐、鸡精	各适量

营养功效

此汤清热生津、滋补养颜。

制作步骤

1. 老鸭处理干净切成块,冬瓜去籽留皮切块,胡萝卜去皮切块,姜去皮拍破。

2. 锅内烧水至水开,放入老鸭块汆去血渍,捞出备用。

3. 取沙锅,加入老鸭、冬瓜、泡黄豆、胡萝卜、姜,注入适量清水,用小火煲约 2 小时,调入盐、鸡精即可食用。

小贴士 Tips 夏季吃冬瓜,不但解渴消暑、利尿,还可使人免生疔疮,是慢性肾炎水肿、营养不良性水肿、孕妇水肿者的消肿佳品。

二冬老鸭汤

原料

天冬	20 克	姜	适量
麦冬	25 克	盐、鸡精	各适量
老鸭	1 只		

营养功效

主治肺阴虚津少口干、干咳无痰、烦躁失眠等症。

制作步骤

1. 天冬、麦冬洗净；鸭肉洗净，斩件。

2. 锅内烧水至水开，放入鸭肉汆去血渍，捞出洗净。

3. 将天冬、麦冬、老鸭、姜一起放入沙锅内，加入适量清水，大火煲开，改用小火煲 2 小时，加入盐、鸡精调味即可食用。

小贴士 Tips 将脚浸于热姜水中，浸泡时加点盐和醋，浸泡后擦干，抹点爽身粉，可消除脚臭。

银耳淮山莲子鸡汤

原料

光鸡	1 只	蜜枣	4 枚
银耳	50 克	火腿肉	15 克
淮山	30 克	姜	3 片
莲子	30 克	盐、食用油	各适量

营养功效

银耳不燥不凉，配伍淮山、莲子有补益的功效。

制作步骤

1. 银耳、淮山、莲子、蜜枣洗净浸泡后，银耳撕为小朵，蜜枣去核，莲子去心；火腿切片。

2. 光鸡洗净，去内脏、尾部。

3. 以上材料与姜一起放进沙锅内，加入适量清水，大火煲开，改用小火煲 2 小时，调入盐、食用油即可食用。

小贴士 Tips 鸭肉性寒，适合夏天吃，另外鸭肉营养丰富，蛋白含量高，肉也比鸡肉劲道滑腻，还有助于降火。

山楂瘦肉炖乌鸡

原料

乌鸡	300 克	花生仁	20 克
瘦肉	50 克	姜	10 克
山楂片	20 克	盐、鸡精	各 3 克

营养功效

此汤不腻不凉，清爽可口。

制作步骤

1. 乌鸡砍成块，瘦肉切成块，花生仁用温水泡上，姜去皮切片。

2. 锅内烧水至水开，放入乌鸡、瘦肉氽去血渍，捞起备用。

3. 取炖盅，加入乌鸡、瘦肉、山楂片、花生仁、姜，调入盐、鸡精，注入适量清水，加盖入蒸柜炖约 3 小时即可食用。

 小贴士 Tips 乌鸡可以补充人体在夏日因高温而流失的大量营养。

老椰子炖乌鸡

原料

老椰子	1 个	枸杞子	5 克
乌鸡	100 克	淮山	8 克
瘦肉	50 克	姜、盐、鸡精	各适量

营养功效

此汤滋润养颜。

制作步骤

1. 老椰子去盖留用，乌鸡砍成块，瘦肉切成块，姜去皮切片。

2. 锅内烧水至水开，放入乌鸡、瘦肉氽去血渍，捞出备用。

3. 将乌鸡、瘦肉、枸杞子、淮山、姜放入老椰子内，调入盐、鸡精和适量清水，加椰盖入蒸柜炖约 3 小时即可食用。

 小贴士 Tips 女性常喝乌鸡汤，有美容养颜的功效。

畜 肉 类
CHUROULEI

节瓜章鱼煲猪展

章 鱼
Zhang yu

[食物题解]

章鱼别名八爪鱼、真蛸、望潮。

[食物营养]

《本草纲目》载章鱼"养血补气"，《泉州本草》载章鱼"益气养血、收敛生肌"。章鱼富含牛磺酸，能调节血压，适用于气血虚弱、高血压、动脉硬化、脑血栓等病症。有荨麻疹、过敏史者不宜食用。

[食疗功效]

章鱼性平、味甘咸，无毒，入肝、脾、肾经；具有补血益气、治痈疽肿毒的作用。

原 料

节瓜	500 克	眉豆	20 克
章鱼	50 克	盐	5 克
猪展	500 克	鸡精	5 克
姜	10 克		
脊骨	400 克		

营养功效

此汤有补气养血、收敛生肌的作用，是妇女产后补虚、生乳、催乳的滋补靓汤。也很适合高血压患者食用。

制作步骤

1. 节瓜切好，章鱼洗净，猪展切件，脊骨斩件，姜去皮。

2. 取锅烧水至水开，放入脊骨、猪展氽去血渍，捞出洗净。

3. 取沙锅，放入脊骨、猪展、节瓜、章鱼、生姜、眉豆，注入清水，大火煲开后，改用小火煲 2 小时，调入盐、鸡精即可食用。

①

②

③

小贴士 Tips

章鱼除了运用我们熟知的拟态伪装术、舍"腕"保身术外，最近，美国科学家还在印度洋海域发现会用两足"走路"逃生的"高智商"章鱼。章鱼不仅可连续六次往外喷射墨汁，而且还能够像最灵活的变色龙一样，改变自身的颜色和构造。章鱼能利用灵活的腕足在礁岩、石缝及海床间爬行，有时把自己伪装成一束珊瑚，有时又把自己装扮成一堆闪光的砾石。

红枣萝卜猪蹄汤

原料

红枣	20 克	姜	10 克
白萝卜	300 克	盐	10 克
猪蹄	500 克	鸡精	5 克
脊骨	300 克		
瘦肉	200 克		

营养功效

红枣养颜补血，萝卜健脾补虚，猪蹄润肤减皱。此汤能有效改善脾虚体弱、皮肤干燥无光泽、皱纹较多等现象。

①

②

③

猪 蹄
Zhu   ti

[食物题解]

猪蹄又叫猪手、猪脚，营养丰富，味道可口。它不仅是滋补菜肴，而且是滋补佳品。

[食物营养]

根据食品营养专家分析，其富含蛋白质、脂肪、碳水化合物、维生素 A、B 族维生素、维生素 C 及钙、磷、铁等营养物质。尤其是猪蹄中的蛋白质水解后，所产生的胱氨酸、精氨酸等 11 种氨基酸之含量均与熊掌不相上下。猪蹄中还含有丰富的胶原蛋白，这是一种由生物大分子组成的胶类物质，是构成肌腱、韧带及结缔组织中最主要的蛋白质成分。

[食疗功效]

猪蹄中的胶原蛋白质被人体吸收后，能促进皮肤细胞吸收和贮存水分，防止皮肤干涩起皱，使面部皮肤显得丰满光泽。胶原蛋白还可促进毛发、指甲生长，保持皮肤柔软、细腻，有光泽。经常食用猪蹄，还可以有效地防止进行性营养障碍，对消化道出血、失血性休克有一定疗效，并可改善全身的微循环，从而预防或减轻冠心病和缺血性脑病。猪蹄汤有催乳作用，对哺乳期女性能起到催乳和美容的双重效果。

制作步骤

1. 白萝卜切件，猪蹄、脊骨、瘦肉斩件，姜去皮。

2. 锅烧水至水开，放入脊骨、瘦肉、猪蹄氽去血渍，捞出备用。

3. 沙锅内放入猪蹄、脊骨、瘦肉、姜、白萝卜、红枣，加入清水，大火煲开后，改用小火煲 2 小时，调入盐、鸡精即可食用。

小贴士
Tips

猪蹄中的胆固醇含量较高，胃肠消化功能减弱的老年人一次不能过量食用；而患有肝胆疾病、动脉硬化和高血压病者应当少吃或不吃。晚餐吃得太晚或临睡前不宜吃猪蹄，以免增加血黏度。

罗汉果煲猪肺

原 料

罗汉果	2个	盐	5克
猪肺	300克	鸡精	2克
龙骨	300克		
猪瘦肉	150克		
姜	15克		

营养功效

此汤有清热润肺、润肠通便的功效。常用于改善肺热咳嗽或百日咳之类的症状。还可以帮助改善便秘，对血管硬化、高血压及糖尿病也有很好的预防效果。

①

②

③

罗汉果
Luo han guo

[食物题解]

罗汉果又名汉果、拉汉果、青皮果、罗晃子、假苦瓜等，为葫芦科多年生藤本植物，产于广西、广东。罗汉果可鲜吃，但常烘干保存，是一种风味独特的干果。罗汉果形似鸡蛋，鲜果外皮呈绿色，经炭火烘干后成褐红色，有光泽，残留少许茸毛，干果皮薄而脆，果实表面呈黄白色，质松软，似海绵状。

[食物营养]

罗汉果含丰富的营养，如维生素C以及糖甙、果糖、葡萄糖、蛋白质、脂类。

[食疗功效]

罗汉果味甘、酸，性凉，有清热凉血、生津止咳、滑肠排毒、嫩肤益颜、润肺化痰等功效，可用于益寿延年、驻颜悦色及治疗痰热咳嗽、咽喉肿痛、大便秘结、消渴烦躁诸症。现代医药学研究发现，罗汉果含有丰富的糖甙，具有降血糖作用，可以用来辅助治疗糖尿病；含丰富的维生素C，有抗衰老、益肤美容作用。

制作步骤

1. 龙骨、猪瘦肉斩件；猪肺用水洗净切块，用姜爆炒。

2. 锅内烧水至水开，放入龙骨、猪瘦肉氽去血渍，捞出洗净。

3. 沙锅装水用大火烧开，放入龙骨、姜、猪瘦肉、猪肺、罗汉果，大火煲开后，改用小火煲2小时，调入盐、鸡精即可食用。

小贴士 Tips

罗汉果性凉，因风寒所致的咳嗽声哑者忌食；糖尿病人不可食用过多。

雪梨甘蔗煲猪肺

原料

猪肺	300 克	盐	3 克
雪梨	1 个	鸡精	3 克
甘蔗	100 克		
红枣	20 克		
姜	10 克		

营养功效

此汤具有清肺热、润肺燥的功效。

①

②

③

甘 蔗
Gan zhe

[食物题解]

甘蔗是禾本科甘蔗属植物，原产于热带、亚热带地区，是我国制糖的主要原料。甘蔗是能清、能润，甘凉滋养的食疗佳品，古往今来被人们广为称道。

[食物营养]

现在医学研究表明，甘蔗中含有丰富的糖分、水分，此外，还含有对人体新陈代谢非常有益的各种维生素、脂肪、蛋白质、有机酸、钙、铁等物质。甘蔗不但能给食物增添甜味，而且还可以提供人体所需的营养和热量。甘蔗有两种，皮色深紫近黑的甘蔗，俗称黑皮蔗，性质较温和滋补，喉痛热盛者不宜食用；皮色青的青皮蔗，味甘而性凉，有清热之效，能解肺热和肠胃热。

[食疗功效]

甘蔗味甘性寒，归肺、胃经；具有清热解毒、生津止渴、和胃止呕、滋阴润燥等功效；主治口干舌燥、津液不足、小便不利、大便燥结、消化不良、反胃呕吐、高热烦渴等。

制作步骤

1. 猪肺处理干净，切破；雪梨去核切块；甘蔗切段；姜去皮拍破。

2. 锅内烧水至水开，放入猪肺余去血渍，捞出备用。

3. 取沙锅，加入猪肺、雪梨、甘蔗、红枣、姜，注入适量清水，大火煲开后，改用小火煲约 2 小时，调入盐、鸡精即可食用。

小贴士 Tips

此汤可辅助治疗青年男女的痤疮、面部粉刺以及成年人的酒渣鼻。

绿豆胡萝卜煲猪肘

原料

猪肘	300 克	盐	6 克
胡萝卜	200 克	鸡精	3 克
绿豆	30 克		
麦冬	12 克		
姜	10 克		

营养功效

此汤取猪肘之补气养血、萝卜之化痰清热、绿豆之消暑解渴，特别适合在夏热难耐时饮用。此汤清热、解暑。

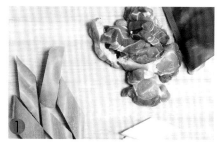

绿 豆
Lü dou

[食物题解]

绿豆是我国人民的传统豆类食物。绿豆中的多种维生素，钙、磷、铁等矿物质都比粳米多，它不但具有良好的食用价值，还具有非常好的药用价值，有"济世之良谷"的说法。在炎炎夏日，高温环境工作的人出汗多，水液损失很大，体内的电解质平衡遭到破坏，用绿豆煮汤来补充是最理想的方法，能够清暑益气、止渴利尿，不仅能补充水分，而且能及时补充矿物质，对维持水液电解质平衡有着重要意义。

[食物营养]

绿豆中所含的蛋白质、磷脂均有兴奋神经、增进食欲的功效。绿豆中含有一种球蛋白和多糖，能促进动物体内胆固醇在肝脏中分解成胆酸，加速胆汁中胆盐分泌并降低小肠对胆固醇的吸收。绿豆对葡萄球菌以及某些病毒有抑制作用，能清热解毒。绿豆含丰富的胰蛋白酶抑制剂，可以保护肝脏，减少蛋白分解，从而保护肝脏。

[食疗功效]

绿豆味甘、性凉，归心、胃经；具有清热解毒、利尿、消暑除烦、止渴健胃、利水消肿之功效；主治暑热烦渴、湿热泄泻、水肿腹胀以及砒霜中毒。

制作步骤

1. 猪肘切成块，胡萝卜去皮切块，绿豆用温水泡透，姜去皮切片。

2. 锅内烧水至水开，放入猪肘汆去血渍，捞起冲净备用。

3. 取沙锅，加入猪肘、胡萝卜、绿豆、麦冬、姜，注入适量清水，加盖，大火煲开后，改用小火煲约 2 小时，调入盐、鸡精即可食用。

小贴士 Tips

修割猪肘时皮面要留长一点，猪肘的皮面含有丰富的胶质，加热后收缩性较大，而肌肉组织的收缩性则较小，如果皮面与肌肉并齐或是皮面小于肌肉，加热后皮面会收缩变小而脱落，致使肌肉裸露而散碎，因此皮面要适当地留长一点，加热后皮面收缩，恰好包裹住肌肉又不至于脱落，菜肴形体整齐美观。

胡萝卜马蹄煲脊骨

原料

脊骨	300 克	盐、鸡精	各 3 克
胡萝卜	200 克		
马蹄	50 克		
泡黄豆	50 克		
姜	10 克		

营养功效

此汤健脾消食、清热解毒。

马 蹄
Ma ti

[食物题解]

马蹄属沙草科植物马蹄的球茎，多年生草本，皮色紫黑，肉质洁白，味甜多汁，清脆可口，自古有"地下雪梨"之美誉，北方人视之为"江南人参"。马蹄既可作为水果，又可作蔬菜，是大众喜爱的时令之品。

[食物营养]

马蹄中含的磷是根茎类蔬菜中较高的，能促进人体生长发育和维持生理功能的需要，对牙齿骨骼的发育有很大的好处，同时可以促进体内的糖、脂肪、蛋白质三大物质的代谢，调节酸碱平衡。马蹄质嫩多汁，可治疗热病津伤口渴之症，对小便淋沥涩痛者有一定的治疗作用。

[食疗功效]

马蹄味甘、性寒，可清肺热，富含黏液质，有生津润肺、化痰利肠、通淋利尿、凉血化湿、消食除胀的功效，主治热病消渴、黄疸、目赤、咽喉肿痛、小便赤热短少、外感风热等病症。

①

②

③

制作步骤

1. 脊骨砍成块，胡萝卜去皮切成块，姜去皮用刀拍破。

2. 锅内烧水至水开，放入脊骨氽去血渍，捞出备用。

3. 取沙锅，加入脊骨、胡萝卜、马蹄肉、泡黄豆、姜，注入适量清水，大火煲开后，改用小火煲约 2 小时，调入盐、鸡精即可食用。

小贴士 Tips

脊骨熬汤，汤汁浓厚，喝起来有点油腻，加入胡萝卜和马蹄，就会清爽很多。因马蹄性寒，能清热润肺、生津消滞、舒肝明目、利起通化；胡萝卜性平，可健胃消食、补肝明目、清热解毒、降气止咳。

车前草煲猪小肚

原料

猪小肚	200 克	盐	6 克
鸡脚	50 克	鸡精	2 克
车前草	20 克		
红枣	15 克		
姜	10 克		

营养功效

此汤有利湿清热、利尿通淋的功效。

车前草
Che qian cao

[食物题解]

车前草为车前科植物车前或平车前等的全草，多年生草本，生于山野、路旁、花圃、菜园、河边湿地。夏、秋季采挖，除去泥沙，晒干或鲜用。

[食物营养]

车前草全身是宝，其种子入药叫"车前子"。车前草含有丰富的营养素，每 100 克新鲜车前草含蛋白质 4000 毫克、粗纤维 3300 毫克，并富含钙、磷、胡萝卜素。民间有用车前草作为野菜食用的传统。

[食疗功效]

车前草味甘性寒，归肾、膀胱、肝经，具有清热利尿、凉血解毒的功效，主治热结膀胱、小便不利、淋浊带下、水肿黄疸、泻痢、肺热咳嗽、肝热目赤、咽痛乳蛾、衄血、尿血、痈肿疮毒。

制作步骤

1. 猪小肚处理干净，切成块；鸡脚砍开；姜去皮切片。

2. 锅内烧水至水开，放入猪小肚、鸡脚氽去血渍，捞出备用。

3. 取沙锅，加入猪小肚、鸡脚、车前草、红枣、姜，注入适量清水，大火煲开后，改用小火煲约 2.5 小时，调入盐、鸡精即可食用。

小贴士 Tips

用猪小肚煲车前草，可减轻车前草之寒凉削伐之性，有补益作用。

石仙桃猪肚汤

石仙桃
Shi xian tao

原料

猪肚	1副	沙参	适量
石仙桃	15克	淮山	适量
瘦肉	100克	姜	适量
陈皮	1片	盐、鸡精	适量
芡实	适量		

营养功效

此汤适用于慢性肾炎、胃溃疡、十二指肠溃疡、营养不良等症，也适用于津液亏损、小便点滴不畅、皮肤干瘪、唇焦口燥、毛发不荣、肌肉瘦削、眼眶凹陷、舌燥无津、苔少、脉细弱。

[食物题解]

石仙桃又称石上莲、果上叶、石橄榄、石上仙桃，是兰科植物石仙桃的假鳞茎或全草。秋季采收鲜用或以开水烫过晒干用。分布于福建、广东、广西、云南等地。药材产于广东、福建等地。根茎短粗，被膜质鳞片，每隔1～2厘米有一假鳞茎，下侧有须根。假鳞茎短圆柱形或长卵形，长2～4厘米，径3～8毫米，外表皱缩，污黄色或黄棕色，光滑，顶端有叶痕，中央常有锥尖状干枯的芽，基部有鞘状鳞叶。质坚稍韧，断面白色。气微，味甘淡。

[食物营养]

可用于肺热咳嗽、肺结核咳血、淋巴结结核、小儿疳积、胃溃疡、十二指肠溃疡等症。

[食疗功效]

清肺郁热，养肺阴，化痰止咳。治内伤咳嗽，小儿热积。

制作步骤

1. 猪肚用盐搓洗干净，再用水冲洗干净，切块；各种药材洗净；瘦肉洗净，切块。

2. 锅内烧水至水开，放入猪肚、瘦肉汆去血渍，捞出洗净。

3. 将全部材料一起放入沙锅内，加入清水适量，大火煲开后，改小火煲2小时，放入盐、鸡精调味即可食用。

小贴士 Tips

猪肚也可用白矾清洗，先用滚水将白矾溶成一杯，倒半杯在猪肚内，用手搓搓2~3分钟，再用清水洗去肚内杂物，反复两次，不但可以洗净黏糊物质，而且还能清除臊臭气味。

牛筋汤

原料

牛筋	300 克	姜	10 克
猪展	200 克	枸杞子	5 克
脊骨	200 克	红枣	20 克
玉竹	10 克	盐	5 克
沙参	10 克	鸡精	5 克

营养功效

牛筋有强筋健骨之功效，成长期的儿童食用能促进骨骼生长，有利于塑造良好体型。牛筋汤能舒筋通络、调和血气，对小儿麻痹后遗症、上下肢瘫痪有良好疗效。

牛　筋
Niu　jin

[食物题解]

牛筋为牛科动物牛的蹄筋，向来为筵席上品，食用历史悠久，它口感淡嫩不腻，质地犹如海参，故有俗语"牛蹄筋，味道赛海参"。

[食物营养]

牛筋含有丰富的胶原蛋白质，脂肪含量也比肥肉低，并且不含胆固醇。

[食疗功效]

能增强细胞生理代谢，使皮肤更富有弹性和韧性，延缓皮肤的衰老。有强筋壮骨之功效，对腰膝酸软、身体瘦弱者有很好的食疗作用。有助于青少年生长发育和减缓中老年妇女骨质疏松的速度。牛筋味甘性平，入肝经，可补益血液，治疗白细胞减少，有增加白细胞数量的功效，亦可用于血虚症的补养。补肝强筋，用于肝虚所致的筋酸乏力、易疲劳等症的补养和治疗，亦可用于筋骨损伤的调养。

①

②

③

制作步骤

1. 猪展、牛筋、脊骨斩件，玉竹、沙参、枸杞子和红枣洗净，姜去皮。

2. 锅内烧水至水开，放入牛筋、猪展、脊骨汆去血渍，倒出洗净。

3. 将牛筋、猪展、脊骨、玉竹、沙参、枸杞子、红枣、姜放入沙锅，加入清水，大火煲开后，改用小火煲 2 小时，调入盐、鸡精即可食用。

小贴士 Tips

牛筋一次不宜食用过量，以每次每人食用发制好的牛蹄筋 100 克为宜。干牛筋需用凉水或碱水发制，刚买来的发制好的牛筋应反复用清水浸洗。

赤小豆莲藕章鱼煲猪展

营养功效

　　章鱼不仅是美味的海鲜，也是食疗补养的药物，能益气养血；赤豆有清热和血、利水通络之功效。

原料

赤小豆	150 克	猪展	250 克	盐	5 克
莲藕	200 克	龙骨	250 克	鸡精	5 克
章鱼干	100 克	姜	5 克		

制作步骤

1. 龙骨、猪展斩件，赤小豆洗净，章鱼干泡发洗净，莲藕洗净去皮。

2. 锅烧水至水开，放入龙骨、猪展汆去血渍，捞出洗净。

3. 沙锅装清水用大火煲开，放入龙骨、猪展、赤小豆、莲藕、章鱼干、姜煲开后，改用小火2小时，调入盐、鸡精即可食用。

小贴士 Tips　　没切过的莲藕可在室温中放置一周的时间，但因莲藕容易变黑，切面孔的部分容易腐烂，所以切过的莲藕要在切口处覆以保鲜膜，冷藏可保鲜一个星期左右。

雪梨南北杏煲猪展

原料

雪梨	200 克	猪展	300 克	鸡精	5 克
南北杏	10 克	姜	5 克		
龙骨	300 克	盐	5 克		

制 作 步 骤

1. 龙骨、猪展斩件，雪梨切件去核，南北杏洗净，姜去皮。

2. 锅内烧水至水开，放入龙骨、猪展汆去血渍，捞出洗净。

3. 沙锅装清水用大火煲开，放入龙骨、猪展、雪梨、南北杏、姜煲开后，改用小火煲 2 小时，调入盐、鸡精即可食用。

营养功效

雪梨润肺清心、降火、生津润燥、治呃逆；南北杏止咳下气、润肺生津。

 ①  ②  ③

小贴士 Tips

生姜保鲜法：生姜是烹饪的常用调料，但是由于一次的用量较少，所以购买的生姜通常要存放起来。可把少量湿润的黄沙放进坛里，把生姜埋进去，这样就能久藏不坏，也不会干，随吃随取。

雪梨海底椰煲猪展

原料

雪梨	2个	脊骨	500克	南北杏	20克
海底椰	50克	姜	10克	盐	5克
猪展	400克	薏米	50克	鸡精	5克

制作步骤

1. 雪梨切好，海底椰洗净，猪展切件，脊骨斩件，姜去皮。

2. 锅烧水至水开，放入猪展、脊骨汆去血渍，捞出备用。

3. 取沙锅，放入脊骨、猪展、海底椰、雪梨、生姜、薏米、南北杏，加入清水，大火煲开后，改用小火煲2小时，调入盐、鸡精即可食用。

营养功效

此汤有清燥润肺、养阴清热、止咳的功效，能有效改善燥热伤肺、干咳无痰、气逆而喘、咽喉干燥、心烦口渴。

小贴士 Tips

海底椰是一种夏季常见的汤料，有滋阴润肺、除燥清热、润肺止咳等作用。海底椰并非生于海底，而是棕榈科植物。海底椰根据产地有非洲海底椰和泰国海底椰之分，市面上购买得到的一般是后者。

南北杏木瓜猪展汤

原料

南北杏	20克	脊骨	500克	鸡精	5克
木瓜	1个	姜	10克		
猪展	500克	盐	5克		

制作步骤

1. 木瓜去皮、籽切块，猪展切好，脊骨斩件，姜去皮。

2. 锅烧水至水开，放入猪展、脊骨汆去血渍，捞出备用。

3. 取沙锅，放入脊骨、猪展、木瓜、南北杏、姜，加入清水，大火煲开后，改用小火煲2小时，调入盐、鸡精即可食用。

营养功效

木瓜性温味酸，平肝和胃、舒筋络、活筋骨、降血压。此汤有止咳、通肺气、润燥消滞等功效。

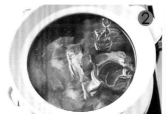

小贴士 Tips

木瓜入菜方法很多。木瓜中含有特殊的木瓜酵素，对肉类有很强的软化作用，因此将肉类与木瓜同炖，滋味最好。

天山雪莲金银花煲瘦肉

原料

天山雪莲	10 克	猪展	300 克	鸡精	5 克
金银花	20 克	姜	5 克		
龙骨	200 克	盐	5 克		

制作步骤

1. 龙骨、猪展斩件，天山雪莲、金银花泡洗干净。

2. 锅烧水至水开，放入龙骨、猪展氽去血渍，捞出洗净。

3. 沙锅装清水用大火煲开，放入龙骨、猪展、姜、天山雪莲、金银花，煲开后，改用小火煲 2 小时，调入盐、鸡精即可食用。

营养功效

此汤选用天山上生长的雪莲，纯天然、无污染，天山所产的雪莲药用价值高，是清热解毒去湿的良药。

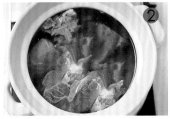

小贴士 Tips

金银花有清热解毒、疏利咽喉、消暑除烦的作用。可治疗暑热症、泻痢、流感、疮疖肿毒、急慢性扁桃体炎、牙周炎等病。

苦瓜败酱草瘦肉汤

原料

苦瓜	500克	脊骨	400克	盐	5克
败酱草	30克	姜	10克	鸡精	5克
猪瘦肉	500克	干贝	10克		

营养功效

此汤有消炎活血、行气化痰功效，还能治疗女性腰骨酸痛、白带增多、月经提前、经来腹痛、神疲乏力等病症。

制作步骤

1. 苦瓜切件、去籽，脊骨斩件，猪肉切件，败酱草洗净。

2. 锅烧水至水开，放入猪肉、脊骨氽去血渍，捞出备用。

3. 取沙锅，放入脊骨、猪肉、苦瓜、败酱草、姜、干贝，加入清水，大火煲开后，改用小火煲2小时，调入盐、鸡精即可食用。

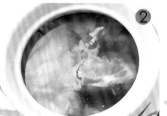

小贴士 Tips

苦瓜熟食性温，生食性寒，脾虚胃寒者不应生吃。此外，孕妇应慎食。苦瓜不能与鱼同吃，因为两者同吃会降低人体对锌的吸收能力。

西洋菜北杏瘦肉汤

西洋菜有清肺热作用，北杏有止咳平喘之功。此汤清润下水、健脾开胃、滋味清甜、益脾肾。

原料

西洋菜	500 克	瘦肉	200 克	鸡精	5 克
北杏	10 克	姜	5 克		
龙骨	200 克	盐	5 克		

制 作 步 骤

1. 龙骨、瘦肉斩件，西洋菜洗净，姜去皮。

2. 锅烧水至水开，放入龙骨、瘦肉氽去血渍，捞出洗净。

3. 沙锅装水用大火煲开，放入龙骨、瘦肉、西洋菜、北杏、姜大火煲开后，改用小火煲 2 小时，调入盐、鸡精即可食用。

小贴士 Tips

西洋菜的食法很多，可作沙拉生吃，作火锅和盘菜的配料，作汤粉和面条的菜料、汤料。广东人认为西洋菜是一种能润肺止咳、益脑健身的保健蔬菜。

节瓜蚝豉瘦肉汤

原料

节瓜	500 克	姜	10 克	鸡精	5 克
蚝豉	50 克	脊骨	400 克		
瘦肉	500 克	盐	5 克		

制作步骤

1. 蚝豉浸水 2 小时后洗净，节瓜切件，瘦肉切件，姜去皮，脊骨斩件。

2. 锅烧水至水开，放入脊骨、瘦肉氽去血渍，捞出备用。

3. 取沙锅，放入脊骨、节瓜、瘦肉、姜、蚝豉，注入清水，大火煲开后，改用小火煲 2 小时，调入盐、鸡精即可食用。

营养功效

此汤令人肌肤细腻光滑，面色红润。现代营养学家发现，蚝肉含锌丰富，对发育期间的青少年有很大的补益作用。

 ①

 ②

 ③

小贴士
Tips

节瓜瓜身多毛，有光泽的才新鲜。一般人均可食用。肾脏病、浮肿病、糖尿病患者可常食。

杏仁苏梗瘦肉汤

原料

苏梗	10克	杏仁	5克	鸡精	5克
瘦肉	150克	姜	5克		
脊骨	150克	盐	5克		

制作步骤

1. 瘦肉、脊骨斩件，苏梗、杏仁洗净。

2. 锅烧水至水开，放入脊骨、瘦肉余去血渍，捞出洗净。

3. 取沙锅，将瘦肉、脊骨、苏梗、杏仁、姜放入，炖2小时，调入盐、鸡精即可食用。

营养功效

　　杏仁能止咳平喘、润肠通便，可治疗肺病、咳嗽，能够降低人体内胆固醇的含量，降低心脏病和很多慢性疾病的发病率；苏梗有利气通血的功效。

小贴士 Tips

　　苏梗苏木只差一字，保胎伤胎全然不同：苏梗的作用是利气安胎，是一种效果良好的安胎药，可以减轻妊娠反应；而苏木则是一种活血化淤药物，对胎儿有较严重的伤害，属于孕妇严禁服用的"危险"药物，使用时要注意区别开来。

板栗红枣排骨汤

原 料

排骨	500克	板栗	100克	盐	适量
红枣	50克	姜	适量	鸡精	适量

营养功效

　　板栗补肾壮腰、健脾止泻；红枣补中益气，养血安神；排骨含有丰富的钙。

制作步骤

1. 板栗、红枣洗净；排骨洗净，斩件；姜切片。

2. 锅烧水至水开，放入排骨氽去血渍，捞出洗净。

3. 取沙锅，将板栗、红枣、排骨、姜片一起放入锅内，加入适量清水，大火煲开后，改用小火煲1小时，加盐、鸡精调味即可食用。

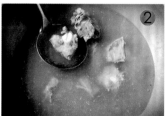

小贴士
Tips

气血不足、营养不良及患有心血管病的人可多吃红枣；过敏体质的人更应该经常吃红枣，因为红枣有抗过敏的作用。

雪梨猪骨汤

营养功效

雪梨润肺清心、消痰降火、去热清暑、生津润燥，有治呃逆的功效。夏日多饮此汤，能滋阴清火。

原料

雪梨	500 克	无花果	10 克	盐	5 克
猪脊骨	300 克	南北杏	10 克	鸡精	5 克
猪展	250 克	姜	5 克		

制作步骤

1. 脊骨、猪展斩件，雪梨切件去核，姜去皮。

2. 锅烧水至水开，放入脊骨、猪展氽去血渍，捞出洗净。

3. 沙锅装水用大火煲开，放入脊骨、猪展、雪梨、姜、无花果、南北杏煲开后，改用小火煲 2 小时，调入盐、鸡精即可食用。

小贴士 Tips

雪梨食疗法：大雪梨两个，藕节 12 克，瘦猪肉 60 克，加水煮食，每日一剂，连服数日，对治疗鼻出血有特效；将大雪梨一个连皮切碎，加适量水和冰糖炖煮后待凉服食，可治咳嗽音哑，咽喉干痛；大雪梨一个去核，装入川贝粉 3 克，隔水蒸熟，吃梨喝汤，对各种咳喘都有疗效。

南北杏无花果煲排骨

原料

南北杏	10 克	龙骨	250 克	盐	5 克
无花果	50 克	猪展	300 克	鸡精	5 克
排骨	200 克	姜	5 克		

制作步骤

1. 排骨、龙骨、猪展斩件，南北杏、无花果洗净。

2. 锅烧水至水开，放入龙骨、排骨、猪展汆去血渍，捞出洗净。

3. 沙锅装清水用大火煲开，放入龙骨、排骨、猪展、南北杏、无花果、姜煲开后，改用小火煲2小时，调入盐、鸡精即可食用。

营养功效

无花果能帮助人体对食物的消化，促进食欲，又因其含有多种脂类，故具有润肠通便的功效。此汤有润肺清心、生津止渴的功效。

 ①
 ②
 ③

小贴士 Tips

北杏仁具有止咳、平喘的功效，但有一定的毒性，只食二三十粒即可令人中毒，甚至致命。平时我们使用的北杏仁，经温火炒制后，去掉了外皮，减轻了苦味，但在用量上要控制在10克之内，以免过量食用伤及身体。

南瓜红枣煲唐排

原料

南瓜	500 克	龙骨	200 克	盐	5 克
红枣	50 克	猪展	150 克	鸡精	5 克
唐排	300 克	姜	5 克		

制作步骤

1. 唐排、龙骨、猪展斩件，南瓜切件。

2. 锅烧水至水开，放入唐排、龙骨、猪展汆去血渍，捞出洗净。

3. 沙锅装水用大火煲开，放入唐排、龙骨、猪展、南瓜、红枣、姜，煲开后，改用小火煲 2 小时，调入盐、鸡精即可食用。

营养功效

　　南瓜味甘，性寒，可消炎、止痛、强肝、助肾、降低血压、为产妇催奶、补中益气。

小贴士 Tips

　　红枣虽然有益，但未必每个人都适合食用，咳嗽和痰多的人不宜食用。此外，由于红枣会困湿气，所以湿重腹胀人士，如常感疲倦或苔较厚等，少吃为妙，不然会加重湿重的症状。小孩子如有蛀牙亦不应多吃红枣。

青胡萝卜煲排骨

原 料

青萝卜	500克	猪展	400克	鸡精	5克
胡萝卜	500克	姜	10克		
猪骨	500克	盐	5克		

制 作 步 骤

1. 青萝卜、胡萝卜切件洗净，猪骨斩件，猪展切件，姜去皮。

2. 锅烧水至水开，放入猪骨、猪展氽去血渍，捞出备用。

3. 取沙锅，加入青萝卜、胡萝卜、猪骨、猪展、姜，再加入清水，大火煲开后，改用小火煲2小时，调入盐、鸡精即可食用。

营养功效

青、胡萝卜富含植物纤维、多种维生素、水分和矿物质，能抵挡夏日的炎炎暑气，还能脱脂增白，改善油性皮肤油脂分泌，使皮肤白嫩可人。

 ①  ②  ③

小贴士
Tips
胡萝卜素因属脂溶性物质，故只有在油脂中才能被很好地吸收。因此，食用胡萝卜时最好用油类烹调后食用，或同肉类同煨，以保证有效成分被人体吸收利用。

祛湿豆南瓜煲脊骨

原料

脊骨	300克	桂圆肉	20克	鸡精	3克
祛湿豆	50克	姜	10克		
南瓜	250克	盐	3克		

制作步骤

1. 将脊骨砍成大块，祛湿豆用温水泡透，南瓜去皮切块，姜去皮拍破。

2. 锅内烧水至开，放入脊骨汆去血渍，捞出洗净。

3. 取沙锅，加入脊骨、祛湿豆、桂圆肉、姜，注入适量清水，大火煲开后，改用小火煲约1小时，下入南瓜用小火煲约30分钟，调入盐、鸡精即可食用。

营养功效

此汤是夏季润肤美容的佳品。南瓜味甘性温，入脾、胃经，具有补中益气、消炎止痛、解毒杀虫、降糖止渴的功效。

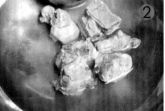

小贴士 Tips

夏季闷热，人们也容易心情烦躁，祛湿豆南瓜煲脊骨汤可以祛除湿气，补充人体营养，而南瓜富含的维生素 B_6 和铁，可以调节心情，改变嗜睡、郁郁寡欢的症状。

黑木耳猪尾汤

原料

黑木耳	150 克	姜	5 克	鸡精	5 克
龙骨	250 克	猪尾	250 克		
猪展	300 克	盐	5 克		

制作步骤

1. 龙骨、猪展、猪尾斩件，黑木耳浸泡洗净，姜去皮。

2. 锅烧水至水开，放入龙骨、猪展、猪尾汆去血渍，捞出洗净。

3. 沙锅装清水用大火煲开，放入龙骨、猪展、猪尾、姜、黑木耳，煲开后，改用小火煲 2 小时，调入盐、鸡精即可食用。

营养功效

黑木耳中含有的蛋白质、维生素和铁的含量均比白木耳高，其蛋白质中含有多种氨基酸，尤以赖氨酸和亮氨酸的含量最为丰富。此汤能清热生津、强身健体。

小贴士 Tips

黑木耳有活血抗凝的作用，有出血性疾病的人不宜食用，孕妇不宜多吃。鲜黑木耳含有毒素，不可食用；干黑木耳烹调前宜用温水泡发，泡发后仍然紧缩在一起的部分不宜吃。

木瓜猪尾汤

原料

猪尾	500克	脊骨	400克	盐	5克
猪展	400克	姜	10克	鸡精	5克
木瓜	1个	南北杏	10克		

制作步骤

1. 猪尾、猪展切件，脊骨斩件，姜去皮，木瓜去皮、籽后切块。

2. 锅烧水至水开，放入猪尾、猪展、脊骨氽去血渍，捞出洗净。

3. 取沙锅，放入脊骨、猪尾、木瓜、猪展、南北杏、姜，加入清水，大火煲开后，改用小火煲 2 小时，调入盐、鸡精即可食用。

营养功效

木瓜中维生素 C 的含量是苹果的 48 倍，它是一种营养丰富、有百益而无一害的水果珍品。

小贴士 Tips

北方木瓜，也就是宣木瓜，多用来治病，不宜鲜食。南方的番木瓜可以生吃，也可和肉类一起炖煮。

金银花蜜枣煲猪肺

原料

金银花	50克	猪肺	500克	姜	15克
南北杏	10克	龙骨	300克	盐	10克
红枣	3枚	猪展	150克	鸡精、葱	各适量

制作步骤

1. 龙骨、猪展斩件；猪肺切件洗净，用葱姜爆炒；金银花、南北杏洗净。

2. 锅内烧水至开，放入龙骨、猪展氽去血渍，捞出洗净。

3. 沙锅装水用大火煲开，放入龙骨、猪展、金银花、南北杏、红枣、猪肺、姜煲开后，改用小火煲2小时，调入盐、鸡精即可食用。

营养功效

金银花清热解毒，南北杏止渴生津、消热去毒，蜜枣滋阴养血。此汤能排毒去湿、润肺益肝。

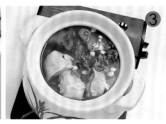

 小贴士 Tips

杏仁分苦、甜两种，甜杏仁比苦杏仁大而扁，偏于滋养，多用于虚咳或老人咳嗽；苦杏仁治实症咳嗽。民间用杏仁、绿豆、粳米磨成浆，加糖煮熟饮，为夏天解暑、清热润肺的清凉饮料，名曰"杏仁茶"。

无花果雪梨煲猪肺

原料

无花果	50克	猪展	200克	姜	15克
雪梨	250克	猪肺	500克	盐	5克
龙骨	250克	南北杏	5克	鸡精、葱	各适量

制作步骤

1. 龙骨、猪展斩件，无花果、猪肺洗净，雪梨去皮、核。

2. 锅内烧水至水开，放入龙骨、猪展、猪肺汆去血渍，倒出洗净；猪肺用姜葱爆过炒干水分。

3. 沙锅装清水用大火煲开，放入龙骨、猪展、猪肺、无花果、雪梨、南北杏、姜煲开后，改用小火煲2小时，调入盐、鸡精即可食用。

营养功效

　　无花果不仅能清心润肺，还能抗炎消肿、利咽。其未成熟的果汁中可提取出一种芳香物质"苯甲醛"，能有效地预防肝癌、肺癌、胃癌的发生。

小贴士 Tips

　　脑血管意外、脂肪肝、正常血钾性周期性麻痹等患者不宜食用无花果；大便溏薄者也不宜食用。新鲜无花果有霉烂者禁用，否则会中毒。

生姜杏仁猪肺汤

原料

猪肺	500克	生姜	10克	鸡精	5克
脊骨	400克	南北杏	20克		
猪展	200克	盐	10克		

制作步骤

1. 猪肺用水冲洗干净，切件；脊骨、猪展斩件；生姜去皮。

2. 锅烧水至水开，放入猪肺、脊骨、猪展氽去血渍，捞出备用。

3. 沙锅内放入脊骨、猪肺、猪展、生姜、南北杏，加入清水，大火煲开后，改用小火煲2小时，调入盐、鸡精即可食用。

营养功效

　　猪肺清热润肺，南北杏止咳化痰。此汤有凉血润肠、清热解毒的功效。

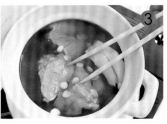

小贴士 Tips

　　炎炎夏日，人体受暑热侵袭或出汗过多，促使消化液分泌减少，而生姜中的姜辣素却能刺激舌头的味觉神经和胃黏膜上的感受器，通过神经反射促使胃肠道蠕动并促进消化液的分泌，从而起到开胃健脾、促进消化、增进食欲的作用。

雪梨木瓜煲猪肺

原料

雪梨	1个	脊骨	400克	南北杏	10克
木瓜	1个	猪展	200克	盐	5克
猪肺	500克	姜	10克	鸡精、淀粉	各适量

制作步骤

1. 猪肺用盐、淀粉刷洗干净，脊骨斩好，姜去皮，木瓜去皮、籽后切件，雪梨切件。

2. 锅烧水至水开，放入脊骨、猪肺汆去血渍，再用清水冲净。

3. 取沙锅，放入脊骨、猪肺、猪展、木瓜、雪梨、姜、南北杏，注入清水，大火煲开后，改用小火煲2小时，调入盐、鸡精即可食用。

营养功效

　　雪梨清火润燥，木瓜健益脾胃，猪肺清润心肺。此汤能美颜健体、降火解暑。

小贴士
Tips

　　木瓜的丰胸原理：木瓜自古就是第一丰胸佳果，木瓜中丰富的木瓜酶对乳腺发育很有助益，而木瓜酵素中含丰富的丰胸激素及维生素A等养分，能刺激女性荷尔蒙分泌，并能刺激卵巢分泌雌激素，使乳腺畅通，达到丰胸的目的。

黄芪枸杞子猪肚汤

原 料

猪肚	500克	脊骨	500克	盐、鸡精	各5克
黄芪	10克	瘦肉	200克	淀粉	适量
枸杞子	10克	姜	10克		

制作步骤

1. 猪肚用盐、淀粉洗干净，切件；脊骨、瘦肉斩件；姜去皮。

2. 锅烧水至水开，放入脊骨、猪肚、瘦肉汆去血渍，捞出备用。

3. 取沙锅，放入脊骨、猪肚、瘦肉、姜、黄芪、枸杞子，加入清水，大火煲开后，改用小火煲 2小时，调入盐、鸡精即可食用。

营养功效

枸杞子可补益肝肾之精，使面色红润，使白发变黑，让双眼明亮有神，还能安神解乏。

小贴士
Tips

猪肚与莲子（用白茄枝烧）同食易中毒。呈淡绿色，黏膜模糊、组织松弛、易破，有腐败恶臭气味的猪肚不要选购。猪内脏不适宜贮存，应随买随吃。

91

腐竹白果猪肚汤

原料

腐竹	400克	脊骨	400克	盐	5克
猪肚	500克	瘦肉	200克	鸡精	5克
白果	100克	姜	10克	淀粉	适量

制作步骤

1. 猪肚用盐、淀粉刷干净，洗净后切件；脊骨、瘦肉斩件；腐竹切好。

2. 锅烧水至水开，放入脊骨、猪肚、瘦肉氽去血渍，捞出备用。

3. 沙煲中放入脊骨、瘦肉、腐竹、猪肚、白果、姜，加入清水，大火煲开后，改用小火煲2小时，调入盐、鸡精即可食用。

营养功效

白果性凉，有抗衰老、敛肺、去痰、养心护肝、降脂降压、滋阴补肾、健身美容等功效。此汤清凉消暑、养胃益肝。

小贴士 Tips

腐竹的营养价值虽高，但肾炎、肾功能不全者最好少吃，否则会加重病情。糖尿病、酸中毒以及痛风患者或正在服用四环素、优降灵等药的病人也应慎食。

鸡骨草夏枯草煲猪胰

原料

鸡骨草	150 克	龙骨	300 克	盐	5 克
夏枯草	50 克	猪展	150 克	鸡精	5 克
猪胰	200 克	姜	5 克		

制作步骤

1. 龙骨、猪展斩件，猪胰洗刮干净、斩件，鸡骨草、夏枯草泡洗干净，姜去皮。

2. 锅烧水至水开，放入龙骨、猪展、猪胰氽去血渍，捞出用水洗净。

3. 沙锅装水用大火煲开，放入龙骨、猪展、猪胰、鸡骨草、夏枯草、姜，大火煲开后，改用小火煲 2 小时，调入盐、鸡精即可食用。

营养功效

鸡骨草和夏枯草有清热解毒、祛除湿热、利尿的功效。猪横脷能补肾益精、降血压，还能有效防治糖尿病。

小贴士 Tips

广东人喜欢喝凉茶，而且茶中必放入各种中药材，如金银花、菊花等，夏枯草即是经常使用的材料。很多凉茶中，都有添加夏枯草，利用其所具有的清热的功能，达到祛除湿热、防暑降温的功效。

胡萝卜玉米煲猪胰

原料

胡萝卜	200克	猪展	150克	姜	5克
玉米	150克	鸡骨草	100克	盐	5克
龙骨	200克	猪胰	250克	鸡精	5克

制作步骤

1. 将龙骨、猪展、猪胰斩件，胡萝卜去皮、切件，玉米、鸡骨草洗净。

2. 锅烧水至水开，放入龙骨、猪展、猪胰汆去血渍，捞出洗净。

3. 用沙锅装适量清水，待水开，放入龙骨、猪展、猪胰、胡萝卜、玉米、鸡骨草、姜，大火煲开后，改用小火煲2小时，调入盐、鸡精即可食用。

营养功效

胡萝卜对眼睛疲劳、皮肤粗糙有疗效，具有利尿利胆、止血、降血压、清热祛湿等功效。

小贴士 Tips

胡萝卜下酒不利于健康：因为胡萝卜中丰富的胡萝卜素和酒精一同进入人体，会在肝脏中产生毒素，引起肝病。因此，人们要改变胡萝卜下酒的传统吃法，胡萝卜不宜做下酒菜，饮酒时也不要服用胡萝卜素营养剂，特别是在饮用胡萝卜汁后不要马上饮酒，以免危害健康。

苹果淮山猪胰汤

原料

苹果	200 克	猪展	300 克	鸡精	5 克
淮山	300 克	姜	10 克		
猪胰	400 克	盐	5 克		

制作步骤

1. 猪横脷洗净、斩件，苹果洗净切块，脊骨和猪展洗净、斩件，姜去皮。

2. 锅烧水至水开，放入猪展、猪胰、脊骨汆去血渍，捞出洗净。

3. 沙锅装水用大火煲开，放入猪胰、脊骨、猪展、苹果、淮山、姜，煲开后，改用小火煲 2 小时，调入盐、鸡精即可食用。

营养功效

苹果润肺清心，生津开胃，和脾利水；淮山补脾，治糖尿病，有益肝滋肾、健脾开胃和止泻作用。

小贴士 Tips

苹果可防过敏：实验证明，过敏者在一定时期内摄取定量苹果，可使血液内导致过敏的组胺浓度下降，从而起到预防过敏症的效果。

老黄瓜猪胰汤

原料

老黄瓜	500 克	龙骨	200 克	盐	5 克
猪胰	300 克	猪展	150 克	鸡精	5 克
姜	5 克	陈皮	10 克		

制作步骤

1. 猪展、龙骨斩件，猪胰洗净、斩件，老黄瓜洗净切块。

2. 锅烧水至水开，放入龙骨、猪展、猪胰汆去血渍，捞出洗净。

3. 沙锅装水用大火烧开，放入龙骨、猪展、猪胰、老黄瓜、陈皮、姜，大火煲开后，改用小火煲 2 小时，调入盐、鸡精即可食用。

营养功效

老黄瓜清热生津，降血压。猪胰有补肾、降血压、防治糖尿病的功效。

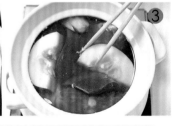

小贴士 Tips

陈皮，其实是我们平时所吃的橘子的皮，由于其放置的时间越久，其药效越强，故名陈皮。煲汤时放入 10 克左右的陈皮，有利于促进消化液的分泌，排除肠道内积气，增加食欲。需提醒的是，陈皮偏于温燥，有干咳无痰、口干舌燥等症状的阴虚体质者不宜多食。

毛冬青煲猪蹄

原料

毛冬青	20克	花生仁	适量	姜	适量
猪蹄	1只	眉豆	适量	盐	适量
瘦肉	100克	蜜枣	适量	鸡精	适量

营养功效

毛冬青能活血祛淤，通脉络，清热解毒。猪蹄和血活血，舒筋活络。此汤具有活血通脉、解毒化疮的功效。

制作步骤

1. 将毛冬青放入温水中稍浸再洗净；猪蹄去毛，斩件；瘦肉洗净，切块；花生仁、眉豆、蜜枣洗净；姜洗净，切片。

2. 锅内烧水至水开，放入猪蹄、瘦肉氽去血渍，捞出洗净。

3. 沙锅内加入适量清水，先用大火煲开，再放入全部材料，煲开后，改用小火继续煲3小时左右，调味即可食用。

小贴士 Tips 可用此汤治热毒型血栓闭塞性脉管炎，如兼气血虚，可加黄芪、黄精等。

萝卜无花果煲猪蹄

原 料			
猪蹄	300 克	胡萝卜	50 克
白萝卜	250 克	姜	10 克
无花果	30 克	盐、鸡精	各适量

营养功效

此汤补气血、健脾胃。

制 作 步 骤

1. 猪蹄处理干净砍成块，胡萝卜、白萝卜去皮切成块，姜去皮拍破。

2. 锅内烧水至水开，放入猪蹄氽去血渍，捞出洗净。

3. 取沙锅，加入猪蹄、胡萝卜、白萝卜、无花果、姜，注入适量清水，，大火煲开后，改用用小火煲约 2 小时，调入盐、鸡精即可。

小贴士
Tips

脂肪肝患者、脑血管疾病患者、腹泻者、正常血钾性周期性麻痹等患者不适宜食用无花果；大便溏薄者不宜生食无花果。

鸡血藤猪蹄汤

原 料			
鸡血藤	15 克	料酒	适量
猪蹄	1 只	盐	适量
姜	适量	白糖	适量

营养功效

此汤质地软烂，汤味鲜美。

制 作 步 骤

1. 将猪蹄去毛，洗净，斩块；鸡血藤洗净。

2. 锅内烧水至水开，放入猪蹄氽去血渍，捞出洗净。

3. 将猪蹄、姜、鸡血藤一起放入炖盅内，加入适量开水，炖 2 ～ 3 小时，至猪蹄熟烂，放入少许白糖及盐调味即可食用。

小贴士
Tips

烧猪蹄时加点醋，可使猪蹄中的磷、钙、蛋白质得到溶解而易被人体吸收。

黄精灵芝煲猪蹄

原料

猪蹄	300 克	灵芝	50 克
胡萝卜	100 克	姜	10 克
黄精	10 克	盐、鸡精	各适量

营养功效

此汤有益气补血的功效。

制作步骤

1. 将猪蹄处理干净砍成段，胡萝卜去皮切块，姜去皮拍破。

2. 锅内烧水至水开，放入猪蹄汆净血渍，捞出洗净。

3. 取沙锅，加入猪蹄、胡萝卜、黄精、灵芝、姜，注入适量清水，大火煲开后，改用小火煲 2 小时，调入盐、鸡精即可食用。

小贴士 Tips 野生灵芝由于长期风吹日晒散失其特有香味，因此香味较淡甚至没有什么味道，人工栽培的灵芝香味较浓郁。

当归萝卜煲猪心

原料

猪心	200 克	胡萝卜	100 克
脊骨	120 克	姜	10 克
当归	10 克	盐、鸡精、料酒	各适量

营养功效

此汤养心安神、除烦祛痰。

制作步骤

1. 猪心处理干净切成块，脊骨砍成块，胡萝卜去皮切块，姜去皮切片。

2. 锅内烧水至水开，放入猪心、脊骨汆去血渍，捞出洗净。

3. 取沙锅，加入猪心、脊骨、当归、胡萝卜、姜，注入适量清水、料酒，大火煲开后，改用小火煲约 2 小时，调入盐、鸡精即可食用。

小贴士 Tips 中医谓"汗为心液"，故有"夏养心"之说。故此汤十分适宜饮用，且老少皆宜。

柏子仁炖猪心

原料

柏子仁	10克	肉汤	适量
猪心	250克	料酒	适量
葱、姜	各适量	盐、食用油	各适量

营养功效

此汤养心、安神、补血、润肠。

制作步骤

1. 将猪心洗净，放在沸水锅中氽去血水，捞出洗净。

2. 将柏子仁去杂洗净放入猪心内。

3. 烧热锅加入食用油，煸香姜、葱，烹入料酒，注入肉汤，倒入炖盅内，放入猪心，上笼蒸至猪心熟烂，拣去葱、姜即可食用。

小贴士 Tips 便溏及痰多者忌食。

海带无花果煲脊骨

原料

脊骨	300克	红枣	20克
海带结	200克	姜	10克
无花果	20克	盐	适量

营养功效

此汤补钙、健脾益胃。

制作步骤

1. 脊骨砍成块，海带结洗净，姜去皮拍破，无花果、红枣洗净。

2. 锅内烧水至水开，放入脊骨氽去血渍，捞起冲净待用。

3. 取沙锅，加入脊骨、海带结、无花果、红枣、姜，注入适量清水，大火煲开后，改用小火煲约2小时，调入盐即可食用。

小贴士 Tips 海带不宜与猪血、洋葱同食，同食会导致便秘。

玉米淡菜煲脊骨

原料

脊骨	250克	胡萝卜	100克
玉米棒	280克	姜	10克
淡菜	20克	盐、味精	各适量

营养功效

此汤利水消渴。

制作步骤

1. 脊骨砍成块，玉米棒切成段，淡菜用青水泡透、洗净，胡萝卜去皮切块，姜去皮切片。

2. 锅内烧水至水开，放入脊骨汆去血渍，捞起备用。

3. 用沙锅，加入脊骨、玉米棒、淡菜、胡萝卜、姜，注入适量清水，大火煲开后，改用小火煲2小时，调入盐、味精即可食用。

 小贴士 Tips 在炎热的季节用玉米煲汤很有好处，玉米中的纤维素含量很高，具有刺激胃肠蠕动、提高食欲、调中开胃及降血脂的功效。

沙瓜虫草花煲猪蹄

原料

沙瓜	200克	红枣	25克
猪蹄	200克	姜	10克
虫草花	20克	盐、鸡精	各适量

营养功效

此汤特别适合夏日怕热口渴、疲乏体虚者食用。

制作步骤

1. 沙瓜去皮切块，猪蹄切成块，红枣用温水泡透，姜去皮拍破。

2. 锅内烧水至水开，放入猪蹄汆去血渍，捞起备用。

3. 取沙锅，加入沙瓜、猪蹄、虫草花、红枣、姜，注入适量清水，大火煲开后，改用小火煲约2小时，调入盐、鸡精即可食用。

 小贴士 Tips 沙瓜既可以生食，也可以用来煲汤。

祛湿豆炖猪肚

猪肚	300克	枸杞子	5克
祛湿豆	100克	姜	10克
冬瓜	150克	盐、鸡精、料酒	各适量

营养功效

健脾的最佳食物当属此汤。

制作步骤

1. 猪肚处理干净切块，祛湿豆用温水泡透，冬瓜去皮切成块，姜去皮切片。

2. 锅内烧水至水开，放入猪肚氽去血渍，捞起备用。

3. 取炖盅，加入猪肚、祛湿豆、冬瓜、枸杞子、姜，调入盐、鸡精和适量清水，加盖入蒸柜炖约3小时即可食用。

小贴士 Tips 祛湿豆是有名的健脾祛湿的豆类。

白果苦瓜炖猪肚

原料

猪肚	300克	红枣	15克
白果	80克	姜	10克
苦瓜	100克	盐、味精、料酒	各适量

营养功效

此汤益气养阴、生津止渴。

制作步骤

1. 猪肚处理干净切块，苦瓜去籽切块，姜去皮切片。

2. 锅内烧水至水开，加入料酒、猪肚，氽去猪肚的血污，倒出冲净待用。

3. 取炖盅，加入猪肚、白果、苦瓜、红枣、姜，调入盐、味精，注入适量清水，加盖入蒸柜炖约3小时即可食用。

小贴士 Tips 此汤男女老少皆宜，对妇科病有特效，男性食用可以温补肾虚。

淮山枸杞子炖猪脑

淮山	20 克	猪脑	1 副
桂圆肉	20 克	姜	2 片
枸杞子	10 克	盐、食用油	各适量

营养功效

此汤益智健脑、补中安神。

制作步骤

1. 各材料洗净，稍浸泡。

2. 猪脑用清水泡浸洗净，并用牙签挑去红筋。

3. 所有材料一起放进炖盅内，加入适量冷开水，调入适量盐、食用油，隔水炖 2.5 小时即可食用。

 小贴士 Tips 猪脑属于胆固醇含量最高的食物之列，故患有高血压、冠心病、胆囊炎的中年人应慎食。

桑叶枸杞子猪肝汤

桑叶	20 克	姜	2 片
枸杞子	20 克	盐、生抽	各适量
猪肝	150 克	食用油、淀粉	各适量

营养功效

此汤有疏风、养肝、明目的功效。

制作步骤

1. 桑叶、枸杞子洗净，稍浸泡。

2. 猪肝洗净，切为薄片，用少许食用油、生抽、淀粉拌腌 10 分钟。

3. 把桑叶、枸杞子、姜放进沙锅中，加入适量清水，大火煲开后改中火煲约 15 分钟，加入猪肝滚至熟，调入适量盐、生抽即可食用。

 小贴士 Tips 鲜桑叶买回后一定要先浸一浸，以防残留在桑叶上的农药。

南芪杜仲猪尾汤

原料

南芪	60克	猪尾	1条
杜仲	30克	姜	3片
花生仁	60克	盐、食用油	各适量

营养功效

此汤有益肾、壮骨、养血的功效。

制作步骤

1. 杜仲置锅上以小火炒，并洒上少许盐水，炒片刻。

2. 南芪、花生仁洗干净，浸泡；猪尾洗净，去毛。

3. 以上材料与姜放进沙锅内，加入适量清水，大火煲开后，改用小火煲2小时，调入适量盐、食用油即可食用。

小贴士 Tips 南芪效力与北芪相仿，但没有它温热，十分适合南方居民作温补之用。

莲子芡实薏米牛肚汤

原料

牛肚	600克	薏米	25克
莲子	50克	红枣	6枚
芡实	50克	姜、盐、食用油	各适量

营养功效

此汤聚气敛精、健脾益胃。

制作步骤

1. 莲子、芡实、薏米、红枣洗净，红枣去核。

2. 牛肚洗净，烧开5分钟，捞起用刀刮去黑衣，再洗净，切片。

3. 以上材料与姜一起放进沙锅内，加入适量清水，大火煲开后，改用小火煲2小时，调入适量盐、食用油即可食用。

小贴士 Tips 牛肚一般人都可食用，尤适宜病后虚羸、气血不足、营养不良、脾胃薄弱之人食用。

水 产 类
SHUICHANLEI

鲜果煲山斑鱼

原料

苹果	200 克	南北杏	各 10 克
龙骨	300 克	盐	5 克
猪展	200 克	鸡精	5 克
山斑鱼	500 克		
姜	10 克		

营养功效

南北杏宣肺散寒，化痰止咳。三斑鱼营养丰富，味道鲜甜，适用于病后体虚、形体消瘦的人饮用。

杏
Xing

[食物题解]

杏又名甜梅、叭达杏。杏果和杏仁都含有丰富的营养物质。杏果肉黄软，香气扑鼻，酸甜多汁，是夏季的猪腰水果之一。杏果可以生食，也可以用未熟果实加工成杏脯、杏干等。杏仁有苦甜之分。甜杏仁可以作为休闲小吃，也可作凉菜用；苦杏仁一般用来入药，并有小毒，不能多吃。未熟果实含黄酮类较多。黄酮类有预防心脏病和减少心肌梗死的作用。因此，对心脏病患者有一定好处。

[食物营养]

杏仁营养价值极高，富含蛋白质、碳水化合物、粗纤维、脂肪、糖类、磷、钙、铁、锌、铜、锰和多种维生素。杏是维生素 B_1 含量最为丰富的果品。

[食疗功效]

杏仁中硒的含量最高，硒有明显的延缓细胞和机体衰老的功效；杏仁中所含的胡萝卜素、硫胺素、核黄素、尼克酸等是极其珍贵的药用物质，具有润肺、散寒、驱风、止泻、润燥之功效。许多古代中医学书中都记载杏仁有润肺、平喘止咳、祛痰消积、润肠通便的作用，民间也常用其治疗慢性气管炎、神经衰弱、小儿佝偻病等。

①

②

③

制 作 步 骤

1. 龙骨、猪展斩件，鲜果洗净去核，山斑鱼剖洗干净。

2. 锅内烧水至水开，放入龙骨、猪展汆去血渍，捞出洗净；山斑鱼煎至黄色。

3. 沙锅装水用大火煲开，放入鲜果、龙骨、猪展、山斑鱼、姜、南北杏，煲开后，改用中火煲 1 小时，调入盐、鸡精即可食用。

小贴士 Tips

杏虽好吃，但不可多吃，因为其中的苦杏仁式的代谢物会导致组织细胞窒息，严重者会抑制中枢，导致呼吸麻痹，甚至死亡。但是，加工成的杏脯、杏干，有害的物质已经挥发或溶解掉，可以放心食用。产妇、幼儿、病人，特别是糖尿病患者不宜吃杏或杏制品。

冬苋菜鲫鱼汤

原料

鲫鱼	200克	胡椒粉	适量
冬苋菜	100克	食用油	适量
姜粒	10克		
葱	10克		
盐	适量		

营养功效

此汤可以为人体补充胡萝卜素、不饱和脂肪酸、纤维素，有防止视觉疲劳、预防偏头痛发作的功效。

苋 菜
Xian cai

[食物题解]

苋菜为苋科一年生草本植物苋的茎叶，其嫩苗和嫩茎叶可食用。苋菜富含多种人体需要的维生素和矿物质，且都是易被人体吸收的重要物质，故被称为"长寿菜"。

[食物营养]

苋菜叶富含易被人体吸收的钙、丰富的铁和维生素K，而且苋菜中不含草酸，所含钙、铁进入人体后很容易被吸收利用。我国民间常将苋菜与马齿苋一起视为骨折之人和临产孕妇的最佳时蔬。苋菜中富含蛋白质、脂肪、糖水化合物及多种维生素和矿物质，其所含的蛋白质比牛奶更能充分被人体吸收，所含的胡萝卜素比茄果类高，可为人体提供丰富的营养物质，有利于强身健体、提高机体的免疫力。

[食疗功效]

苋菜性凉、味微甘，入肺、大肠经；具有清利湿热、清肝解毒的功效。在夏季食用苋菜对于清热解毒、治疗肠炎痢疾、大便干结和小便赤涩有显著作用。

制作步骤

1. 将鲫鱼剖去内脏，洗净沥干。

2. 锅中放油，烧热后下鲫鱼，将两面煎黄。

3. 加水1大碗，煮沸后加洗净的鲜冬苋菜、姜粒、葱花、盐、胡椒粉少许，再沸后即可起锅食用。

小贴士 Tips

鲫鱼含不饱和脂肪酸，与富含纤维素的冬苋菜相配，有解高脂食物油脂、降酪氨酸的作用。冬苋菜所含的胡萝卜素高于胡萝卜，有保护视力、防止视觉疲劳的功效。

鲜地虫薏米煲螺肉

原料

鲜地虫	50克	姜	10克
螺肉	100克	盐	5克
薏米	50克	鸡精	3克
节瓜	200克		
枸杞子	5克		

营养功效

此汤符合夏季"就凉避暑"的养生原则，可以驱散回避暑热邪气，防止阳气消耗，利于身体健康。

枸杞子
Gou qi zi

[食物题解]

枸杞子别名茨果子、明目子，为茄科植物宁夏枸杞的干燥成熟果实，主产于宁夏、甘肃、青海、新疆、内蒙古、河北、山东、山西、河南等地。夏、秋季果实成熟时采收。洗净鲜用，或干燥备用。

[食物营养]

枸杞子含有丰富的胡萝卜素、维生素A、维生素B_1、维生素B_2、维生素C和钙、铁等眼睛保健的必需营养，故擅长明目，所以俗称"明眼子"。历代医家治疗肝血不足、肾阴亏虚引起的视物昏花和夜盲症，常常使用枸杞子，著名方剂杞菊地黄丸，就以枸杞子为主要药物。

[食疗功效]

枸杞子有提高机体免疫力的作用，可以补气强精、滋补肝肾、抗衰老、止消渴、暖身体的功效。另外，枸杞子还具有降低血压、血脂和血糖的作用。

制作步骤

1. 将螺肉处理干净，节瓜去皮切块，姜去皮拍破。

2. 锅内烧水至水开，放入螺肉汆水，去掉部分腥味，捞出待用。

3. 取沙锅，加入螺肉、节瓜、鲜地虫、薏米、枸杞子、姜，注入适量清水，大火煲开后，改用小火煲约1.5小时，调入盐、鸡精即可食用。

小贴士 Tips

夏季汤品以寒性食物居多，地虫、螺肉、薏米、节瓜皆为性寒之物。节瓜具有清热、清暑、解暑、利尿、消肿等功效，深受人们欢迎。薏米可健脾利水，清润祛湿。螺肉可清热利水，除湿解毒。

杏仁木瓜煲螺肉

原 料

螺肉	100 克	姜	10 克
脊骨	100 克	盐	3 克
杏仁	15 克	鸡精	3 克
木瓜	100 克		
枸杞子	5 克		

营养功效

　　此汤取杏仁之清心安神、润肠通便，田螺之味甘性寒、清热利水，木瓜之健脾消食、清心润肺，可用于燥热伤津，亦用于糖尿病口渴多饮，味道可口，是老少皆宜的滋润好汤。

[食物题解]

　　木瓜果皮光滑美观、果肉厚实细致、香气浓郁、汁水丰多、甜美可口、营养丰富，有"百益之果"、"水果之皇"、"万寿瓜"之雅称，是岭南四大名果之一。木瓜在中国素有"万寿果"之称，顾名思义，多吃可延年益寿。

[食物营养]

　　木瓜含有一种酵素，能消化蛋白质，有利于人体对食物进行消化和吸收，故有健脾消食之功效。木瓜碱和木瓜蛋白酶具有抗结核杆菌及寄生虫如绦虫、蛔虫、鞭虫、阿米巴原虫等作用，可用于杀虫抗痨。含有大量水分、碳水化合物、蛋白质、脂肪、多种维生素及多种人体必需的氨基酸，可有效补充人体的养分，增强机体的抗病能力。

[食疗功效]

　　木瓜性温、味酸，入肝、脾经，具有消食、驱虫、清热、祛风的功效，主治胃痛、消化不良、肺热干咳、乳汁不通、湿疹、寄生虫病、手脚痉挛疼痛等病症。

①

②

③

制作步骤

1. 将螺肉清洗干净，用温水泡上；脊骨砍块；木瓜去皮去籽切块；姜去皮切片。

2. 锅内烧水至水开，放入脊骨汆去血渍，捞出备用。

3. 取沙锅，加入脊骨、螺肉、杏仁、枸杞子、姜，注入适量清水，大火煲开后，改用小火煲约 1.5 小时，加入木瓜用小火续煲约 30 分钟，调入盐、鸡精即可食用。

小贴士 Tips

　　螺肉不宜与中药蛤蚧、西药土霉素同服；不宜与牛肉、羊肉、蚕豆、猪肉、蛤、面、玉米、冬瓜、香瓜、木耳及糖类同食；吃螺不可饮用冰水，否则会导致腹泻。脾胃虚寒、便溏腹泻之人忌食；因螺性大寒，故风寒感冒期间忌食，女子行经期间及妇人产后忌食，素有胃寒病者忌食。

蘑菇冬瓜煲生鱼

原 料

生鱼	300 克	食用油	15 毫升
蘑菇	100 克	盐	6 克
冬瓜	250 克	鸡精	3 克
枸杞子	5 克		
姜	10 克		

营养功效

此汤取生鱼之清热补虚、消肿利尿，冬瓜之利水祛湿、清肺化痰，具有解毒清热、利水消肿的功效。

[食物题解]

冬瓜主要产于夏季，取名为冬瓜是因为瓜熟之际，表面上有一层白粉状的东西，就好像是冬天所结的白霜，故又称白瓜。冬瓜属葫芦科，一年生草本。原产于我国南部及印度，我国南北各地均有栽培，主要供应季节为夏秋季。

[食物营养]

冬瓜含维生素 C 较多，且钾盐含量高，钠盐含量较低，高血压、肾脏病、浮肿病等患者食之，可达到消肿而不伤正气的功效。冬瓜中所含的丙醇二酸，能有效地抑制糖类转化为脂肪，加之冬瓜本身不含脂肪，热量不高，对于防止人体发胖具有重要意义，还有助于体形健美。冬瓜性寒味甘，清热生津、避暑除烦，在夏日服食尤为适宜。

[食疗功效]

冬瓜味甘、淡、性凉，入肺、大肠、小肠、膀胱经，具有润肺生津、化痰止渴、利尿消肿、清热祛暑、解毒排脓的功效，可用于暑热口渴、痰热咳喘、水肿、脚气、消渴等，还能解鱼、酒毒。

①

②

③

制作步骤

1. 将生鱼处理干净，砍成连带结；蘑菇洗净；冬瓜去皮切块；姜去皮拍破。

2. 锅内放适量食用油，烧热后投入生鱼，小火煎香。

3. 取沙锅，加入生鱼、蘑菇、冬瓜、枸杞子、姜，注入适量清水，大火煲开后，改用用小火煲约 1.5 小时，调入盐、鸡精即可食用。

小贴士 Tips

天气闷热，很多人这个时候身体抵抗力较弱，精神欠佳，容易感到湿重、肌困、体倦。这是因为天气炎热，肠胃不能很好地运化水湿，容易引起水湿内困，加上夏季多雨，外湿困阻脾胃阳气，引起人体血气运行不畅，经脉不通，因此会感受到疲乏、嗜睡。湿气一般夹"寒"而来，故不要吃太凉的食物，应多吃健脾、祛湿的食物以适当温补。

清补凉煲山斑鱼

原料

清补凉	150 克	瘦肉	200 克	鸡精	5 克
山斑鱼	400 克	姜	5 克		
脊骨	300 克	盐	5 克		

营养功效

广东民间夏日补益汤品，顾名思义，有清润而补益的功效，一般以玉竹、莲子、百合为主，多用于春、夏、秋时节。

制 作 步 骤

1. 山斑鱼剖好斩件，脊骨斩件，姜去皮。

2. 锅烧水至水开，放入山斑鱼、脊骨氽水后倒出洗净。

3. 取沙锅，放入山斑鱼、脊骨、姜、清补凉，加入清，大火煲开后，改用小火煲2小时，调入盐、鸡精即可食用。

小贴士 Tips

清补凉不止广东有，海南的清补凉更是别有一番风味。它不仅爽口、甘甜，而且还消暑、降火。海南清补凉主要是以花生仁、空心粉、新鲜椰肉、红枣、西瓜粒、菠萝粒、鹌鹑蛋、凉粉块，及椰奶等多种配料组合而成的。

雪梨煲生鱼

原料

雪梨	300 克	猪展	300 克	盐	5 克
生鱼	300 克	姜	10 克	鸡精	5 克
脊骨	300 克	南北杏	5 克		

制作步骤

1. 生鱼剖好、切件，雪梨切件，猪展切件，脊骨斩件，姜去皮。

2. 锅烧水至水开，放入生鱼、脊骨、猪展汆水。

3. 取沙锅，放入脊骨、猪展、生鱼、雪梨、姜、南北杏，加入清水，大火煲开后，改用小火煲 2 小时，调入盐、鸡精即可食用。

 小贴士 Tips

宰鱼时如果碰破了苦胆，鱼肉会发苦，影响食用。但用酒、小苏打或发酵粉可以使胆汁溶解。因此，在沾了胆汁的鱼肉上涂些酒、小苏打或发酵粉，再用冷水冲洗，苦味便可消除。

西洋菜生鱼汤

营养功效

西洋菜清肺热，生鱼可补脾益胃、利水消肿、解毒去热及大补血气。此汤清润下水、健脾开胃。

原料

西洋菜	500克	龙骨	200克	盐	5克
生鱼	500克	猪展	150克	鸡精	5克
北杏	5克	姜	5克		

制作步骤

1. 生鱼剖好洗净，龙骨、猪展斩件，西洋菜洗净。

2. 锅内烧水至水开，放入龙骨、猪展汆去血渍；生鱼煎透后备用。

3. 沙锅装清水用大火烧开，放入龙骨、猪展、北杏、姜、生鱼、西洋菜，大火煲开后，改用小火煲2小时，调入盐、鸡精即可食用。

小贴士 Tips

鱼历来受到营养学家的推崇和人们的喜爱，但如不注意吃鱼的卫生，也会中毒，严重者甚至危及生命。有些鱼含有较多的组氨酸，当鱼不新鲜或发生腐败时，细菌在其中大量生长繁殖，可使组氨酸脱去羧基变成组胺。当每100克鱼肉含组胺200毫克时，人食用后就会中毒。

板栗百合煲生鱼

原 料

板栗	250 克	猪展	150 克	盐	5 克
百合	50 克	生鱼	300 克	鸡精	5 克
龙骨	300 克	姜	10 克		

制 作 步 骤

1. 龙骨、猪展斩件，生鱼剖洗干净，板栗、百合洗净。

2. 煲内烧水至水开，放入龙骨、猪展余去血渍，捞出洗净。

3. 沙锅装水用大火煲开，放入龙骨、猪展、板栗、百合、生鱼、姜煲开后，改用小火煲 2 小时，调入盐、鸡精即可食用。

营养功效

板栗中胡萝卜素含量和维生素 C 含量丰富，能预防癌症。此汤可治疗动脉硬化、高血压、心脏病等心血管疾病，是抗衰防老的营养饮品。

小贴士 Tips

板栗去皮方法：将生板栗洗净后放入器皿中，加入盐少许，倒入滚沸的开水浸没，盖上锅盖。5 分钟后，取出板栗将其切为两瓣，此时板栗皮即随板栗壳一起脱落，用这种方法去除板栗皮，既省时又省力。

木瓜银耳煲白鲫

原料

木瓜	500 克	龙骨	200 克	盐	5 克
银耳	20 克	猪展	200 克	鸡精	3 克
鲫鱼	500 克	姜	10 克		

营养功效

鲫鱼味鲜肉滑，可补胃弱、消水肿及通小便，还能清热利水、疏风消肿。木瓜、银耳都是滋阴养颜的佳品。

制作步骤

1. 龙骨、猪展斩件，木瓜去皮核切件，鲫鱼剖净。

2. 锅内烧水至水开，放入龙骨、猪展汆去血渍，捞出洗净；鲫鱼煎过备用。

3. 沙锅装清水用大火煲开，放入鲫鱼、龙骨、猪展、木瓜、银耳、姜煲开后，改用小火煲 2 小时，调入盐、鸡精即可食用。

小贴士 Tips

夏季气温高，炎热的气候往往使人大汗淋漓，汗的流失常常使人肢体乏力，懒于动弹。要补充大量的体液，除了多喝白开水、热茶水外，还可以饮用银耳石斛羹。具体做法如下：取银耳 10 克、石斛 20 克，先将银耳泡发、洗净，再与石斛一起加水炖服，每日一次。

清补凉白鲫鱼汤

原料

清补凉	20 克	白鲫鱼	500 克	盐	5 克
脊骨	400 克	姜	10 克	鸡精	5 克
猪展	200 克	党参	20 克		

制 作 步 骤

1. 清补凉洗净，脊骨、猪展斩件，白鲫鱼剖洗净、斩件，姜去皮。

2. 锅内烧水至水开，放入脊骨、猪展汆去血渍；白鲫鱼煎至两面微黄备用。

3. 取沙锅，放入脊骨、猪展、白鲫鱼、姜、党参、清补凉，加入清水，大火煲开后，改用小火煲 2 小时，调入盐、鸡精即可食用。

营养功效

饮用此汤对消除干燥热气、唇红目赤、口苦口干、津液不足、呼吸短促、心情烦躁等症状有很大的帮助。

小贴士 Tips

将鱼去鳞剖腹洗净后，放入盆中倒一些料酒，能除去鱼的腥味，使鱼滋味鲜美。

葛根鲫鱼汤

此汤味甘香，祛风湿并可治因风湿引起的骨痛，又可防高血压，是一道味美清香的靓汤。

原料

葛根	500克	姜	10克	盐	10克
鲫鱼	1条	猪展	300克	鸡精	5克
脊骨	500克	赤小豆	10克		

制作步骤

1. 葛根削皮切件，鲫鱼剖好、斩件，脊骨斩件，猪展斩件，生姜去皮。

2. 锅内烧水至水开，放入鲫鱼、脊骨、猪展氽去血渍。

3. 取沙锅，放入脊骨、鲫鱼、葛根、姜、猪展、赤小豆，加入清水，大火煲开后，改用小火煲2小时，调入盐、鸡精即可食用。

小贴士 Tips

现代医学研究，葛根黄酮具有防癌抗癌和雌激素样作用、可促进女性丰胸、养颜，尤其对中年妇女和绝经期妇女养颜保健作用明显。

赤小豆鲮鱼汤

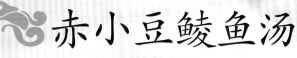

营养功效

　　赤豆通小肠，利小便，鲮鱼散血、消肿排脓、清热解毒、止渴解酒。此汤具有利水消肿、清热解毒、健脾止泻的功效。

原 料

鲮鱼	600 克	猪展	500 克	鸡精	5 克
赤小豆	100 克	姜	10 克		
脊骨	500 克	盐	5 克		

制 作 步 骤

1. 鲮鱼剖好、斩件，脊骨斩件，猪展切件，姜去皮。

2. 锅内烧水至水开，放入脊骨、鲮鱼、猪展氽去血渍。

3. 取沙锅，放入猪展、脊骨、鲮鱼、赤小豆、姜，加入清水，大火煲开后，改用小火煲2小时，调入盐、鸡精即可食用。

小贴士 Tips

　　赤豆久食令人黑瘦结燥。中药另有一种红黑豆，系广东产的相思子，特点是半粒红半粒黑，注意鉴别，切勿误用，且阴虚而无湿热者及小便清长者忌食。

鸡骨草葛根煲猪胰鲮鱼

原料

鸡骨草	100 克	姜	20 克	鲮鱼	500 克
葛根	200 克	猪展	500 克	盐	5 克
猪胰	200 克	脊骨	300 克	鸡精	5 克

制 作 步 骤

1. 葛根削皮切件，鲮鱼剖好切件，猪展、脊骨斩件，猪胰去肥油，姜去皮。

2. 锅内烧水至水开，放入猪展、脊骨、猪胰氽去血渍。

3. 取沙锅，加入葛根、鲮鱼、猪展、脊骨、鸡骨草、猪胰、姜，加入清水，大火煲开后，改用小火煲 2 小时，调入盐、鸡精即可食用。

小贴士 Tips

　　煲鸡骨草水：鸡骨草 20 克，糖 10 克。1. 把鸡骨草的豆荚全部摘除（本品种子有大毒，切忌服用，用时必须把豆荚除去），洗净，切 5 厘米长的段。2. 把鸡骨草放入煲内，加入水 500 毫升，用大火烧沸，再用小火煎煮 25 分钟，除去药渣，加入糖拌匀即成。食法：每日 2 次，每次 100 毫升。功效：清肝利胆，舒筋止痛，化积利水。

芥菜土豆鲮鱼丸汤

营养功效

芥菜性温味辛，归肺、胃经，有宣肺豁痰、利气温中、解毒消肿、开胃消食、温中利气、明目利膈的功效。

原料

土豆	500 克	虾米	50 克	食用油	适量
芥菜	500 克	猪肉	50 克	盐	适量
鲮鱼滑	250 克	姜	3 片		

制作步骤

1. 土豆洗净去皮、切块，芥菜洗净切段。

2. 将鲮鱼滑加上虾米、猪肉剁碎，再搅拌。

3. 把土豆和适量清水下锅，大火煮至土豆稍熟，用汤匙把鲮鱼滑做成丸状下锅，再下芥菜，熟后调入盐、食用油即可食用。

小贴士 Tips

俗话说"有钱难买伏天泻"，其意思为在大热之伏天里最重要的是肠道通畅。芥菜土豆鲮鱼丸汤是很好的开胃润肠靓汤。

青榄炖响螺

原料

青榄	100 克	猪展	150 克	盐	5 克
响螺肉	150 克	姜	3 克	鸡精	5 克
鸡脚	100 克	葱段	3 克		

营养功效

　　橄榄有清热解毒、生津止渴、清肺利咽、健脾开胃、去脂减肥、消酒毒、治骨硬、助消化、正泄泻等功效。

制作步骤

1. 响螺肉剁好洗净，猪展斩件，青榄洗净。

2. 锅内烧水至水开，放入响螺肉、猪展余去血渍，捞出洗净。

3. 将猪展、响螺肉、鸡脚、青榄、姜、葱段放入炖盅内，加入清水炖 2 小时，调入盐、鸡精即可食用。

小贴士 Tips

　　色泽暗黄、有黑点的橄榄品质不新鲜，食用前一定要用水清洗干净。特别青绿的橄榄有可能是用明矾水浸泡过的，虽然颜色漂亮，但对身体有害，一般不要食用。

冬瓜煲海螺肉

原料

海螺肉	150克	瘦肉	50克	鸡精	2克
冬瓜	300克	姜	10克		
红枣	20克	盐	3克		

营养功效

海螺肉味甘性寒，无毒；具有清热明目、利膈益胃的功效；对心腹热痛、肺热肺燥、双目昏花等病症有一定的疗效。

制作步骤

1. 螺肉处理干净，冬瓜去皮切块，瘦肉切块，姜去皮拍破。

2. 锅内烧水至水开，放入海螺肉氽去血渍，捞出待用。

3. 取沙锅，加入海螺肉、冬瓜、红枣、瘦肉、姜，注入适量清水，大火煲开后，改用小火煲2小时，调入盐、鸡精即可食用。

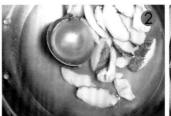

小贴士
Tips

海螺肉丰腴细腻，味道鲜美，素有"盘中明珠"的美誉。海螺属软体动物腹足类，产期在5～8月。海螺肉富含蛋白质、维生素和人体必需的氨基酸和微量元素，是典型的高蛋白、低脂肪、高钙质的天然动物性保健食品。

香菜豆腐鱼头汤

原料

草鱼头	500克	葱白	30克	鸡精	适量
香菜	15克	豆腐	5块		
豆豉	30克	盐	适量		

制作步骤

1. 香菜、葱白洗净，切碎；豆豉、草鱼头洗净。

2. 草鱼头、豆腐分别下油锅煎香。

3. 草鱼头、豆腐与豆豉一起放入沙锅内，加清水适量，小火煲30分钟，再放入香菜、葱白，煮沸片刻，调味，趁热食用。

营养功效

对于流感、支气管炎、麻疹等属于夏季感冒风寒见有上症者，宜用辛而微温之品微发其汗，可用本汤治之。

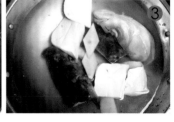

 小贴士 Tips

香菜为伞形科一年生草本植物胡荽的全草，性温味辛，气香，功能内通心脾、外达四肢，既发汗解表，又芳香开胃。豆豉性味辛微温，具有疏散通透之性，既透散表邪，又能健脾助消化。

芥菜咸蛋鱼头汤

原料

鱼头	300克	豆腐	100克	盐	适量
芥菜	100克	黄豆	50克	料酒	适量
咸鸭蛋	1个	姜	5克		

制作步骤

1. 芥菜洗净，沥干切大块；鱼头洗净后抹干，加入料酒、适量盐腌20分钟；姜切片；豆腐切块；黄豆泡好。

2. 烧锅下油，油热，将大鱼头煎至两面微黄，加入姜、黄豆、适量清水煮滚。

3. 改用中小火煮30分钟，放入芥菜、豆腐、咸鸭蛋，再煮8分钟，加盐调味即可食用。

营养功效

咸鸭蛋富含脂肪、蛋白质、各种氨基酸及钙、磷、铁等多种矿物质，而且容易被人体所吸收，尤其是钙的含量非常丰富，是普通鸭蛋的两倍。芥菜和鱼头都补钙。

小贴士 Tips

孕妇、脾阳不足者、寒湿下痢者不宜食用鸭蛋；高血压、糖尿病、心血管病、肝肾疾病者应少食。

129

田七花炖鲜鲍

原料

田七花	10克	鸡脚	100克	盐	5克
鲜鲍	150克	姜	3克	鸡精	5克
猪展	150克	葱段	3克		

制作步骤

1. 鲜鲍洗净，猪展斩件，田七花洗净。

2. 锅内烧水至水开，放入猪展、鲜鲍、鸡脚氽去血渍，捞出洗净。

3. 将猪展、鲜鲍、田七花、鸡脚、姜、葱段放入炖盅内，加入清水炖2小时，调入盐、鸡精即可食用。

小贴士 Tips

鲍鱼一定要新鲜，烹饪时要煮透。田七即三七，为五加科植物人参三七的干燥根。因其形状类似人参，又称参三七。主产于中国云南，以夏秋季采集为佳。

生地蜜枣肉蟹汤

原料

生地	20克	蜜枣	10克	盐	适量
肉蟹	250克	姜	5克		
瘦肉	100克	鸡精	3克		

制作步骤

1. 生地、蜜枣洗净，肉蟹洗净斩件，瘦肉洗净切件，姜切片。

2. 锅内烧水至水开，放入瘦肉氽去血渍，捞出洗净。

3. 全部材料和姜一起放入沙锅内，放入清水，大火煲开后，改用小火煲1小时，放盐、鸡精调味即可食用。

营养功效

生地清热凉血、益阴生津，肉蟹含蛋白质和钙丰富，能补骨添髓、养筋活血。此汤可补钙，能清热凉血、消肿散结，也治急性咽喉炎。

小贴士 Tips

肉蟹不可与红薯、南瓜、蜂蜜、梨、石榴、花生、番茄、芹菜、柿子、兔肉同食，同食会导致食物中毒；吃肉蟹不可饮用冷饮，否则会导致腹泻。

生地煲蟹

原料					
生地	20克	枸杞子	5克	盐	适量
螃蟹	250克	桂圆肉	5克	鸡精	适量
瘦肉	100克	姜	5克		

制作步骤

1. 生地洗净；螃蟹洗净，斩件；瘦肉洗净，切件；枸杞子、桂圆肉洗净。

2. 锅内烧水至水开，放入螃蟹、瘦肉氽去血渍，捞出洗净。

3. 将全部材料一起放入沙锅内，放入清水，大火煲开后，改用小火煲1小时，调入盐、鸡精即可食用。

营养功效

生地清热凉血、益阴生津。螃蟹清热解毒、补骨添髓，养筋活血、通脉络、利肢节、续绝伤、充胃液。

小贴士 Tips

生地性寒而滞，脾虚湿滞、腹满便溏者不宜食用。

香菇瘦肉牡蛎汤

原 料

香菇	25克	瘦肉	200克	
花生仁	40克	姜	10克	
牡蛎	250克	盐	适量	

营养功效

香菇含有多种人体所需的营养物质，能怡神醒脑、益智；花生含钙和卵磷脂，补钙又补脑，可提高记忆力；牡蛎补钙补脑；瘦肉滋阴补益，既可增加营养，又可增加汤的鲜味。此汤可补钙，还能安神益智，适合学生补钙饮用。

制作步骤

1. 香菇去蒂提前浸泡2小时、洗净，花生洗净浸泡好，猪瘦肉洗净，姜切片，牡蛎洗净。

2. 锅内烧水至水开，将猪瘦肉煮5分钟，捞出洗净。

3. 沙锅内装水烧开，放入香菇、花生仁、瘦肉和姜，大火煲开，改用小火煲2小时，加入牡蛎继续煲30分钟，加盐调味即可食用。

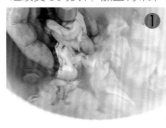
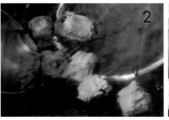

小贴士 Tips

牡蛎不宜多服久服，以免引起便秘和消化不良。

133

丝瓜豆芽豆腐鱼尾汤

原料

丝瓜	200克	草鱼尾	400克	盐	5克
绿豆芽	150克	姜	10克	食用油	适量
豆腐	150克	葱	10克		

营养功效

　　丝瓜能清热利湿，止咳化痰，化淤消斑；绿豆芽能清暑热，消疮毒，美白肌肤；豆腐生津润燥，益肌肤；草鱼尾健胃祛风，益肌肤。此汤美容益肤，对于夏季紫外线照射，或长期处于空调内引起的皮肤干燥，色斑疗效显著。

制作步骤

1. 丝瓜去棱边，切块洗净；绿豆芽洗净；豆腐放入冰柜急冻30分钟；草鱼尾去鳞洗净；姜切片；葱切段。

2. 烧锅下油，油热后，放入姜片、草鱼尾，两面煎至金黄色，加入适量沸水。

3. 煮30分钟后，加入豆腐、丝瓜、绿豆芽、葱，煮15分钟，加盐调味即可食用。

小贴士 Tips

此汤也可用沙锅来煲，将鱼尾煲1小时后再加入丝瓜、绿豆芽、豆腐，是营养靓汤。

牛大力炖螺肉

原料

螺肉	200克	枸杞子	5克
瘦肉	50克	姜、葱	各适量
牛大力	15克	盐、鸡精	各适量

营养功效

此汤清热解毒、补脾益肾。

制作步骤

1. 螺肉水发后处理干净，瘦肉切块，姜去皮切片。

2. 锅内烧水至开，放入螺肉、瘦肉汆去血渍，捞出洗净。

3. 取炖盅，加入螺肉、瘦肉、牛大力、枸杞子、姜、葱，调入盐、鸡精和适量清水，入蒸柜炖约2.5小时即可食用。

小贴士 Tips 牛大力可补虚润肺、强筋活络。汤中加入清热利水、除湿解毒的螺肉，使其适合夏天饮用。

清补凉鱼头汤

原料

鱼头	250克	姜、葱	各适量
清补凉	1剂	食用油	15毫升
瘦肉	150克	盐、鸡精	各适量

营养功效

此汤祛湿开胃、除痰健脾。

制作步骤

1. 鱼头处理干净，瘦肉切块，姜去皮拍破，葱捆成把。

2. 锅内烧水至开，放入瘦肉汆去血渍，另烧锅下食用油，待油热，下鱼头用小火煎香，备用。

3. 锅内烧水至水开，放入鱼头、瘦肉、清补凉、姜、葱，注入适量清水，用小火煲约1.5小时，去掉葱，调入盐、鸡精即可食用。

小贴士 Tips 所谓"清补凉"，是用各类豆子、薏米、龟苓膏和椰肉这样的热带特产调制的食疗方。

祛湿豆鲫鱼汤

原料

祛湿豆	60 克	鲫鱼	500 克
花生仁	30 克	瘦肉	150 克
节瓜	100 克	姜	3 片
陈皮	1/6 个	盐、食用油	各适量

营养功效

此汤健脾益胃、利水祛湿。

制作步骤

1. 祛湿豆、花生仁、陈皮洗净，浸泡；节瓜刮去皮，洗净切件。

2. 鲫鱼洗净，宰净去鳞、肠杂、腮，入油锅小火煎至两面微黄；瘦肉洗净，整块不刀切。

3. 以上材料与姜一起放进沙锅内，加入适量清水，大火煲开后改用小火煲 2 小时，调入适量盐、食用油即可食用。

小贴士 Tips 此汤不但汤味鲜美，而且营养价值甚高，可谓夏日靓汤。

淮山蜜枣煲白鲫

原料

白鲫鱼	1 条	姜、葱	各适量
干淮山	20 克	枸杞子	3 克
蜜枣	30 克	食用油、盐、鸡精	各适量

营养功效

此汤清肝明目、暖中益气。

制作步骤

1. 白鲫鱼处理干净，留原条；姜去皮拍破；葱捆成把。

2. 锅内烧热食用油，投入白鲫鱼，用小火煎香待用。

3. 另取沙锅，放入白鲫鱼、干淮山、蜜枣、姜、枸杞子、葱，注入适量清水，大火煲开后，改用用小火煲约 1 小时，调入盐、鸡精即可食用。

小贴士 Tips 一场大雨过后，持续的高温会稍有降低，在这样的天气下宜饮山药蜜枣煲白鲫。

番茄豆腐鱼丸汤

原料

鱼肉	300克	盐	5克
番茄	2个	食用油	3毫升
豆腐	100克	发菜、葱	各适量

营养功效

此汤清润生津、开胃消食。

制作步骤

1. 番茄洗净，切块；豆腐切4块；发菜洗净，滤干后切短；葱洗净，剁成花。

2. 鱼肉洗净，沥干水后剁烂，调好味加入发菜及适量清水，搅至起胶，放入葱花搅匀，做成鱼丸。

3. 将豆腐放入锅内，加清水适量，大火煮沸，放入番茄，再煮沸，放入鱼丸煮熟，用盐和食用油调味即可食用。

小贴士 Tips 平时煲汤，一般都需要几个小时。清淡的番茄豆腐鱼丸汤只需半小时就可以煲好。

木瓜黄芪生鱼汤

原料

生鱼	380克	枸杞子	5克
木瓜	200克	姜、葱、食用油	各适量
黄芪	15克	盐、鸡精	各适量

营养功效

此汤补气强身。

制作步骤

1. 生鱼处理干净砍成段，木瓜去皮、籽后切块，姜去皮拍破，葱切段。

2. 锅内烧热食用油，投入生鱼，用小火煎香，倒出待用。

3. 取沙锅，加入生鱼、木瓜、黄芪、枸杞子、姜、葱，注入适量清水，大火煲开后，改用小火煲约2小时，调入盐、鸡精即可食用。

小贴士 Tips 夏季温度高，人体容易疲劳，加上胃口不好，没有及时补充充足的营养，体质就会下降，此时，特别适合饮用此汤。

番薯叶山斑鱼汤

原料			
番薯叶	200克	枸杞子	10克
山斑鱼	300克	姜、葱	各适量
红枣	20克	盐、食用油	各适量

营养功效

此汤利尿通便、排毒养颜。

制 作 步 骤

1. 番薯叶洗净；山斑鱼去肠脏，洗净；红枣、枸杞子洗净；姜切片；葱切段。

2. 锅内烧油，油热后，放入姜片，将山斑鱼两面稍煎，沥干油放入沙锅中。

3. 加入红枣和枸杞子，加入适量清水，大火煲开，改用小火煲1小时，下入番薯叶，煲8分钟，加盐调味即可食用。

小贴士 Tips 番薯叶不要过早放入，只需煮熟即可，过早放入容易煮烂且汤汁不鲜。感冒发烧期间不要饮用此汤。

香菇木耳墨鱼汤

原料			
墨鱼干	20克	红枣	25克
香菇	50克	五花肉	150克
黑木耳	30克	姜、葱、盐	各适量

营养功效

此汤排毒养颜、补养气血。

制 作 步 骤

1. 墨鱼干、香菇、黑木耳提前泡好。黑木耳去蒂，掰成小瓣；红枣洗净去核；姜切片；葱切段；五花肉切片。

2. 把泡发的香菇去蒂，底部切"十"字花刀；将浸泡好的墨鱼干表面的一层薄膜剥下来，去骨和内脏，洗干净。

3. 沙锅内加入适量清水，加入墨鱼、香菇、黑木耳、红枣、姜、葱、五花肉，大火煲开，改用小火煲1小时，加盐调味即可食用。

小贴士 Tips 墨鱼干的表皮比较腥，一定要处理干净后再食用，包括触角上的皮都要撕掉。

夏 Summer

其 他 类
QITALEI

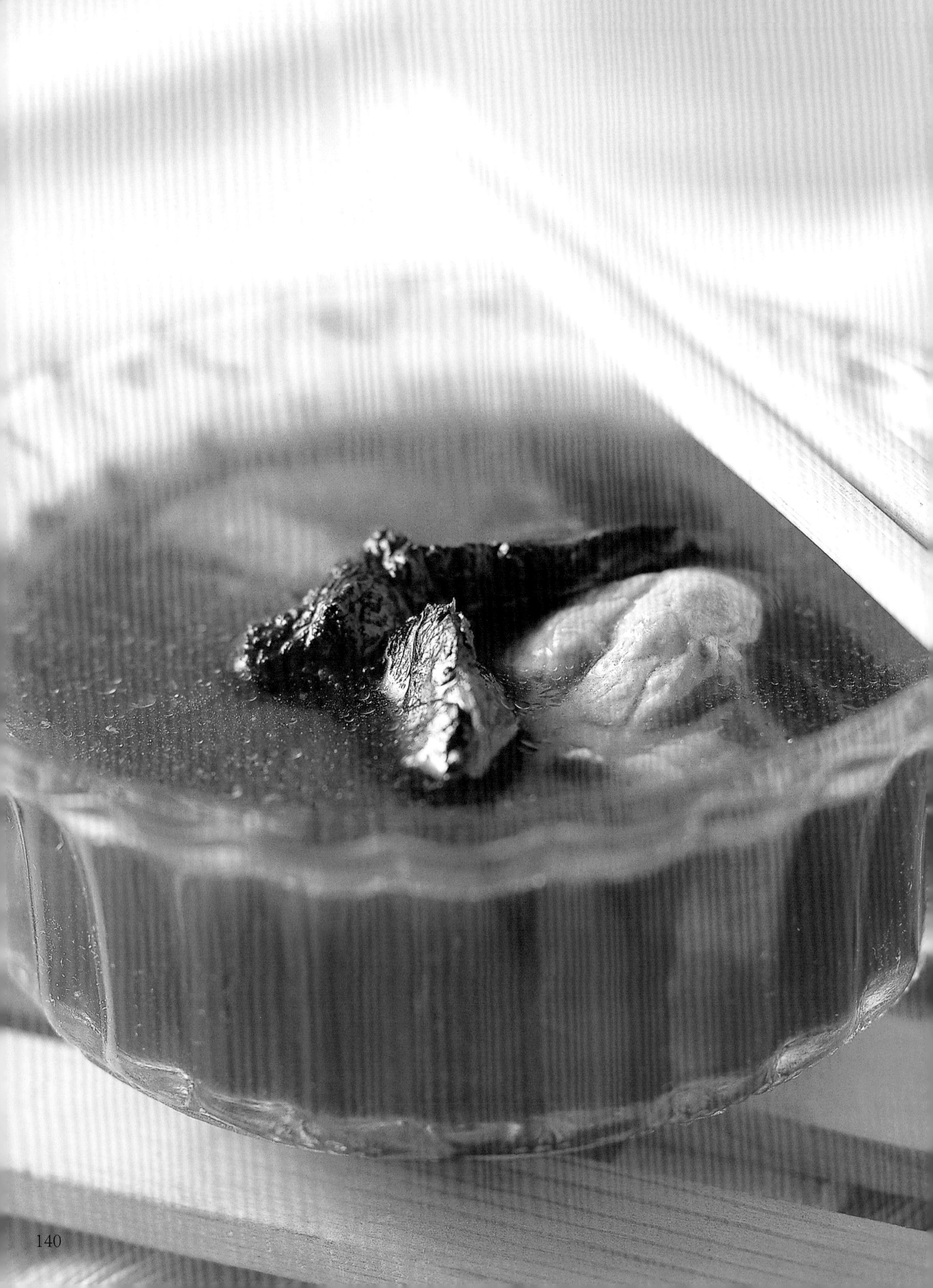

黄精益气汤

原料

黄精	20 克
猪瘦肉	500 克
姜	适量
盐	适量
鸡精	适量

营养功效

黄精补中益气、润心肺、强筋骨。瘦肉滋阴润燥。此汤适用于阴虚体质的平时调养和心脾阴血不足所致的食少、失眠等症，以及气血不足引起的体弱乏力、记忆力减退，也适合肺结核、肺痨咳血、病后体虚等症患者，尤其是老年人食用。

[食物题解]

黄精又叫鸡头参、黄鸡菜、山姜等，是百合科植物黄精、囊丝黄精、热河黄精、滇黄精、卷叶黄精等的根茎。药材呈不规则的圆锥状，形似鸡头或呈结节块状似姜形，分枝少而粗，长约 10 厘米，表面黄白色至黄棕色，半透明。

[食物营养]

黄精中含天门冬氨酸、毛地黄糖甙、蒽醌类化合物、黏液质、糖类、烟酸、锌、铜、铁。有抗缺氧、抗疲劳、抗衰老作用；能增强免疫功能，增强新陈代谢；有降血糖和强心作用。

[食疗功效]

适宜气血不足、贫血、病后体虚食少、神经衰弱、目暗、精神萎靡、腿脚软弱无力之人食用；适宜糖尿病、高血压、肺虚干咳之人食用。黄精具有降血压、降血糖、降血脂、防止动脉粥样硬化、延缓衰老和抗菌等作用。

①

②

③

制作步骤

1. 黄精洗净；猪瘦肉洗净，切块。

2. 锅内烧水至水开，放入猪瘦肉氽去血渍，捞出洗净。

3. 将全部材料一起放入沙锅内，加入适量清水，大火煲开后，改用小火煲 1 小时，调味即可食用。

小贴士 Tips

黄精加粳米煮粥可以活血悦色、丰肌润肤、消斑去皱，适用于因诸虚百损而导致的气血阴阳虚衰等症状。

三仁香菇汤

原料

花生仁	100 克	脊骨	200 克
莲子	50 克	姜	3 克
黄豆	50 克	盐	5 克
香菇	20 克	鸡精	5 克
猪展	200 克		

营养功效

此汤能健脾养胃、补血养颜，对身体虚弱、不思饮食、气短懒言、失眠多梦、舌质淡红苔白等有显著改善效果。

黄　豆
Huang dou

[食物题解]

黄豆与青豆、黑豆统称为大豆。它既可供食用，又可以油炸。

[食物营养]

黄豆营养价值很高，所含的蛋白质比鸡蛋多2倍，比牛乳多1倍，故被称为"豆中之王"、"田中之肉"、"绿色的牛乳"等，是数百种天然食物中最受营养学家推崇的食物。

[食疗功效]

黄豆中的大豆蛋白质和胆固醇能明显地改善和降低血脂和胆固醇，从而降低患心血管疾病的概率。大豆脂肪富含不饱和脂肪酸和大豆磷脂，有保持血管弹性、健脑和防止脂肪肝形成的作用。黄豆中的植物雌激素与人体中产生的雌激素在结构上十分相似，可以成为辅助治疗女性更年期综合征的最佳食物。大豆还富含钙质，对更年期骨质疏松也有疗效。吃黄豆对皮肤干燥、头发干枯大有益处，可以提高肌肤的新陈代谢，促使机体排毒，令肌肤常葆青春。

①

②

③

制作步骤

1. 猪展、脊骨斩件，花生仁、莲子、黄豆、香菇泡洗干净。

2. 锅内烧水至水开，放入猪展、脊骨汆去血渍，捞出洗净。

3. 花生仁、莲子、黄豆、香菇、猪展、姜、脊骨放入炖盅内，加入清水炖2小时，调入盐、鸡精即可食用。

小贴士 Tips

黄豆海带最相宜：黄豆中的皂角苷可降低胆固醇的吸收，增加碘元素的排泄；而海带含碘极多，可及时补充碘。海带中过多的碘可诱发甲状腺肿大，让黄豆中的皂角苷多排泄一点，可维持体内碘元素的平衡。

三果滋润汤

原料

苹果	2个	银耳	50克	姜	5克
雪梨	2个	脊骨	300克	红枣	5克
无花果	50克	猪展	200克	盐、鸡精	各5克

营养功效

　　此汤平肝和胃、舒筋络、活筋骨、降血压，而且营养丰富。夏日饮用此汤，不仅令人神清气爽、精神倍增，还能滋润肌肤、养肺益肝。

制作步骤

1. 苹果、雪梨切件，无花果洗净，脊骨斩件，猪展切件，姜去皮。

2. 煲内烧水至水开，放入猪展、脊骨汆去血渍。

3. 取沙锅，放入雪梨、苹果、无花果、银耳、脊骨、猪展、红枣、姜，加入清水，大火煲开后，改用小火煲2小时，调入盐、鸡精即可食用。

小贴士 Tips

　　夏天身体易积聚水分，造成皮肤松弛；吃下的不少丰脂食物，会在体内积存。这里给大家介绍一个祛湿排毒的食疗法：苹果加鲜奶，试试早上起来喝一杯鲜奶，吃一个苹果。温和有益，又有排毒的效果。其他的水果，例如草莓、樱桃、葡萄也有不错的排毒功效。

夏令清补凉汤

苦瓜味苦，无毒性寒，入心、肝、脾、肺经，具有清热祛暑、明目解毒、利尿凉血、解劳清心、益气壮阳之功效。

原料

脊骨	300克	红枣	20克	泡黄豆	50克
苦瓜	150克	枸杞子	5克	盐	3克
党参	10克	姜	10克	鸡精	3克

制作步骤

1. 脊骨砍块，苦瓜去籽切块，党参切段，姜去皮切片。

2. 锅内烧水至水开，放入脊骨氽去血渍，捞起备用。

3. 取沙锅，加入脊骨、苦瓜、党参、红枣、枸杞子、泡黄豆、姜，注入适量清水，大火煲开后，改用小火煲约2小时，调入盐、鸡精即可食用。

小贴士 Tips

苦瓜具有特殊的苦味，但仍然受到大众的喜爱，这不单纯因为它的口味特殊，还因为它具有一般蔬菜无法比拟的神奇作用。苦瓜虽苦，却从不会把苦味传给"别人"，如用苦瓜烧鱼，鱼块绝不沾苦味，故苦瓜又有"君子菜"的雅称。

冬瓜赤小豆汤

此汤有利水去湿的作用，对夏日水肿、食欲不振有很好的作用。对女士而言，此汤还能滋润皮肤、补益心血。

原料

冬瓜	500克	脊骨	500克	盐	10克
赤小豆	200克	瘦肉	200克	鸡精、姜	各适量

制作步骤

1. 冬瓜切件，脊骨、瘦肉斩件，姜去皮。

2. 煲内烧水至水开，放入脊骨、瘦肉汆去血渍。

3. 取沙锅，放入脊骨、瘦肉、冬瓜、赤小豆、姜，加入清水，大火煲开后，改用小火煲 2 小时，调入盐、鸡精即可食用。

小贴士 Tips

冬瓜中含有丙醇二酸，对防止人体发胖、增进形体美有重要作用。冬瓜不含脂肪，碳水化合物含量少，故热量低，属于清淡性食物。夏秋季经常吃些冬瓜，对于一般人或是体重偏高者，都是有益的。冬瓜自古被称为减肥妙品。《食疗本草》记载：欲得体瘦轻健者，则可常食之；若要肥，则勿食也。

红花生姜豆腐汤

原料

红花	10 克	红糖	适量
生姜	3 片		
豆腐	500 克		

营养功效

此汤清热减肥。

制作步骤

1. 红花拣去杂质，与生姜片一起煎煮取汁；豆腐洗净，切块。

2. 将红花汁与豆腐一起放入锅内，煮约 30 分钟，至豆腐出现蜂窝状小孔。

3. 趁热加入适量红糖调味即可食用。

小贴士 Tips 孕妇忌服。

益母草煲鸡蛋

原料

益母草	30 克
青皮鸡蛋（一般鸡蛋亦可）	1~2 个
红糖	适量

营养功效

此汤调经养血。

制作步骤

1. 益母草反复洗净，浸泡 15 分钟。

2. 与鸡蛋一起放进沙锅内，加入适量清水，煎煮 20 分钟，捞出鸡蛋，去壳后再放进煲内煎煮片刻，加入红糖即可食用。

小贴士 Tips 夏季高温、潮湿，细菌比较多，人体易疲劳，容易引起妇科病，很多女性会出现月经不调或痛经等症状。此汤对此有很好的调理作用。

冰花南北杏燕窝汤

原料			
燕窝	30克	鸡蛋	1个
南杏	20克	冰糖	适量
北杏	15克		

营养功效

此汤润肺养颜。

制 作 步 骤

1. 燕窝浸透,漂洗干净;鸡蛋打成蛋浆;南杏、北杏洗干净,去衣。

2. 沙锅加入清水,用大火烧开,放入燕窝、南杏、北杏。

3. 大火煲开后,改用小火煲2小时,加冰糖和鸡蛋浆即可食用。

小贴士 Tips 　儿童慎食燕窝,肺胃虚寒、湿停痰滞及有邪者忌用。

冬菇豆腐水瓜汤

原料			
新鲜冬菇	200克	姜	5克
豆腐	150克	盐	5克
水瓜	500克		

营养功效

此汤清热消暑、利尿祛湿。

制 作 步 骤

1. 新鲜冬菇去蒂,放入盐水中浸片刻,再洗净;豆腐洗净沥干;水瓜削去皮,洗净切件;姜切片。

2. 沙锅内加入适量清水,大火煲开,然后放入姜片、豆腐和新鲜冬菇。

3. 煮至冬菇熟,放入水瓜,煮片刻,加盐调味即可食用。

小贴士 Tips 　水瓜搭配黄豆芽煮汤能清热消暑、利尿祛湿,最适合暑热胃口差、小便不畅者饮用,是夏季家庭靓汤。

海带海藻黄豆汤

原料

海带	50 克	黄豆	250 克
海藻	50 克	姜、葱	各 8 克
肉排骨	250 克	盐	5 克

营养功效

此汤润燥通便、排毒养颜。

制作步骤

1. 海带、海藻分别洗净,肉排骨洗净斩件,黄豆浸洗净,姜切片,葱切段。

2. 锅内烧水至水开,放入肉排骨煮 5 分钟,捞出洗净,放入沙锅中。

3. 将海带、海藻、黄豆、姜、葱放入,加入适量清水,大火煲开,改小火煲 2.5 小时,加盐调味即可食用。

 小贴士 Tips　海藻如为干制品,应先短时间泡洗,然后蒸熟,再清洗。脾胃虚寒者最好不要饮用此汤。

大芥菜番薯枸杞子汤

原料

大芥菜	300 克	姜	10 克
番薯	400 克	盐	5 克
枸杞子	10 克	食用油	适量

营养功效

此汤清肠通便。

制作步骤

1. 大芥菜洗净切段,番薯去皮洗净切块,枸杞子洗净,姜切片。

2. 烧锅下油,油热后,将姜片、番薯倒入爆炒 5 分钟,加入适量沸水煮沸。

3. 加入大芥菜、枸杞子,煲开 30 分钟,加盐调味即可食用。

小贴士 Tips　甘薯一定要蒸熟煮透再吃,因为甘薯中的淀粉颗粒不经高温破坏,会很难消化。

马齿苋薏米黑木耳汤

原料

马齿苋	30克	猪瘦肉	450克
薏米	30克	蜜枣	20克
黑木耳	15克	姜、葱、盐	各适量

营养功效

此汤清肠凉血、解毒排毒。

制作步骤

1. 马齿苋洗净；薏米洗净；黑木耳浸泡，洗净；蜜枣洗净；猪瘦肉洗净。

2. 锅内烧水至水开，放入猪瘦肉煮5分钟，捞出洗净，然后放入沙锅中。

3. 将马齿苋、薏米、黑木耳、蜜枣、姜、葱放入沙锅，加入适量清水，大火煲开后，改用小火煲2小时，加盐调味即可食用。

小贴士 Tips 泡发黑木耳要用凉水长时间浸泡，不要用热水，因为热水泡发不完全，且口感不好。

丹参决明枸杞子汤

原料

丹参	10克	猪瘦肉	200克
枸杞子	15克	草决明、首乌	各10克
山楂	15克	姜、盐	各适量

营养功效

此汤解毒排毒、减肥去脂、美容养颜。

制作步骤

1. 丹参、枸杞子、首乌、草决明、山楂、猪瘦肉洗净，姜切片，猪瘦肉切块。

2. 锅内烧水至水开，放入猪瘦肉煮5分钟，捞出洗净，放入沙锅中。

3. 将丹参、枸杞子、首乌、草决明、山楂、姜放入沙锅，加入适量清水，大火煲开后，改用小火煲2小时，加盐调味即可食用。

小贴士 Tips 何首乌以体重、质坚实、粉性足者为佳。脾胃虚弱者和大便溏稀者最好少饮用此汤。

哈密瓜百合润燥汤

原料

哈密瓜	200克	姜	5克
瘦肉	300克	盐、鸡精	各适量
百合	100克		

营养功效

　　此汤对吸烟、喝酒多的人士很适合，但脾胃虚寒、慢性痢疾者不宜饮用。

制作步骤

1. 哈密瓜洗净，去皮、籽，切块；瘦肉洗净，切块；百合洗净；姜洗净切片。

2. 锅内烧水至水开，放入瘦肉汆水，捞出洗净。

3. 将以上材料一起放入沙锅内，大火煲开后，改用小火煲2小时，调味即可食用。

小贴士 Tips　　食用哈密瓜对人体造血机能有显著的促进作用，可以用来作为贫血的食疗之品。糖尿病者应慎食。

金银花淡竹叶汤

原料

金银花	20克	鲜荷叶	100克
生甘草	10克	紫苏叶	6克
紫背天葵	10克	蜂蜜	适量

营养功效

　　此汤甘甜清香，是夏天防治疮疖的清凉汤品。

制作步骤

1. 将各药材洗净，鲜荷叶洗净撕块，一起放入煲内煎煮。

2. 煲至药材熟烂，弃渣取汁。

3. 趁热加入蜂蜜，代茶饮之。

小贴士 Tips　　淡竹叶体轻，质柔韧。气微，味淡。以叶大、色绿、不带根及花穗者为佳。

葛根绿豆慈姑汤

原料

葛根	50 克	
绿豆	150 克	
慈姑	25 克	

营养功效

此汤除烦解渴，清热解毒。

制作步骤

1. 将绿豆、慈姑洗净后放入锅内煎煮。

2. 待绿豆、慈姑煮熟后，去渣取汁。

3. 将葛根磨成粉，以热绿豆水冲成糊，待凉即可食用。

小贴士 Tips 　　葛根已被我国卫生部认定为药食同源植物、安全植物，对女性尤其适用，能美容、丰胸。

金银花萝卜汤

原料

金银花 15 克	鸡精 2 克	香油 15 毫升
白萝卜 300 克	葱 10 克	
盐 3 克	姜 5 克	

营养功效

此汤减肥瘦身、清热美容。

制作步骤

1. 金银花洗净；白萝卜洗净，去皮，切小块；葱切段。

2. 将金银花、白萝卜块、姜、葱一起放入沙锅内，加入清水适量，大火煲开，改用小火煲 30 分钟，加入盐、鸡精、香油调味即可食用。

小贴士 Tips 　　白萝卜为寒性食物，体虚者，血压低者，经期中、生产后的女性慎食。

鱼腥草绿豆汤

原料

鱼腥草	15 克	姜	5 克
绿豆	50 克	盐	适量
猪肚	200 克	鸡精	适量

营养功效

此汤清热解毒、滋补脾胃、利尿消肿。

制作步骤

1. 鱼腥草洗净；绿豆淘洗干净；猪肚洗净，切小方块；姜洗净切片。

2. 锅内烧水至水开，放入猪肚氽去血渍，捞出洗净。

3. 将以上材料全部放入炖盅内，加入适量开水，大火烧沸，改用小火炖 1 小时，调味即可食用。

 小贴士 Tips 绿豆服用过多有饱胀闷气不适之感，一般情况下，不宜食之过多。

藿香薏米西瓜汤

原料

藿香	15 克	姜	5 克
薏米	20 克		
西瓜	500 克		

营养功效

此汤清甜美味。

制作步骤

1. 藿香、薏米洗净；西瓜切块，放入果汁机榨汁取汁。

2. 将藿香、薏米、姜放入沙锅内，煲至薏米熟透，去渣取汁。

3. 将西瓜汁兑入药汁中，搅匀即可饮用。

 小贴士 Tips 西瓜籽壳及西瓜皮可制成"西瓜霜"供药用，能治口疮、口疳、牙疳、急性咽喉炎及一切喉症。

图书在版编目（CIP）数据

广州靓汤　夏 / 犀文图书编写. — 南京：江苏科学技
术出版社，2012.7

ISBN 978-7-5345-9504-2

Ⅰ. ①广… Ⅱ. ①犀… Ⅲ. ①粤菜－汤菜－菜谱
Ⅳ. ①TS972. 122

中国版本图书馆CIP数据核字(2012)第127226号

广州靓汤　夏

策 划 · 编 写	犀文圖書
责 任 编 辑	樊　明　葛　昀
责 任 校 对	郝慧华
责 任 监 制	曹叶平　周雅婷

出 版 发 行	凤凰出版传媒集团
	凤凰出版传媒股份有限公司
	江苏科学技术出版社
集 团 地 址	南京市湖南路1号A楼，邮编：210009
集 团 网 址	http://www.ppm.cn
出版社地址	南京市湖南路1号A楼，邮编：210009
出版社网址	http://www.pspress.cn
经　　　销	凤凰出版传媒股份有限公司
印　　　刷	广州汉鼎印务有限公司

开　　　本	889mm×1 194mm　1/16
印　　　张	10
字　　　数	100 000
版　　　次	2012年7月第1版
印　　　次	2012年7月第1次印刷

标 准 书 号	ISBN 978-7-5345-9504-2
定　　　价	32.00元